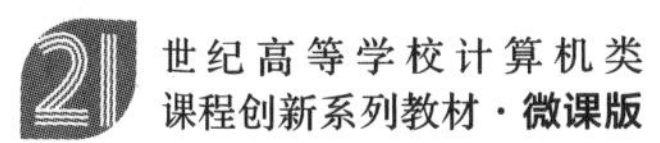

Vue 3.0从入门到实战

微课视频版

吕云翔 江一帆 / 编著

清華大学出版社
北京

内容简介

本书主要介绍 Vue 3.0 的语法及其在实际项目中的运用，并对 Vue 2.x 的升级与删改进行了讲解。从 Vue 作为框架的自身特性出发，与其他一些主流框架进行对比，然后深入 Vue 语法的具体解析。除了编写单个 Vue 页面，本书也介绍了如何从零开始完整搭建使用 Vue 的前端项目。此外，对工程开发中常用的插件与工具也做了介绍，如 Vuex、CLI 和 Element-plus 等。

本书的示例与图解丰富且实用，内容通俗易懂，适合前端框架的初学者和对 Vue 2.x 有了解的开发者。希望通过阅读本书，读者对 Vue 的语法逻辑与实际使用都有透彻的理解。

图书在版编目(CIP)数据

Vue 3.0 从入门到实战：微课视频版/吕云翔，江一帆编著. —北京：清华大学出版社，2022.1（2023.8重印）
21 世纪高等学校计算机类课程创新系列教材：微课版
ISBN 978-7-302-59475-8

Ⅰ. ①V… Ⅱ. ①吕… ②江… Ⅲ. ①网页制作工具—程序设计—高等学校—教材 Ⅳ. ①TP393.092.2

中国版本图书馆 CIP 数据核字(2021)第 217323 号

责任编辑：闫红梅 李 燕
封面设计：刘 键
责任校对：徐俊伟
责任印制：杨 艳

出版发行：清华大学出版社
网 址：http://www.tup.com.cn，http://www.wqbook.com
地 址：北京清华大学学研大厦 A 座 **邮 编**：100084
社 总 机：010-83470000 **邮 购**：010-62786544
投稿与读者服务：010-62776969，c-service@tup.tsinghua.edu.cn
质量反馈：010-62772015，zhiliang@tup.tsinghua.edu.cn
课件下载：http://www.tup.com.cn，010-83470236
印 装 者：小森印刷霸州有限公司
经 销：全国新华书店
开 本：185mm×260mm **印 张**：12.25 **插 页**：1 **字 数**：310 千字
版 次：2022 年 1 月第 1 版 **印 次**：2023 年 8 月第 4 次印刷
印 数：5001～7000
定 价：49.00 元

产品编号：093942-01

前　言

近年来，前端MVVM给开发者带来了许多便利，框架的发展也十分迅速。不同于传统开发中使用HTML+CSS+JavaScript的方式，Vue通过模板语法和组件化开发，极大地简化了开发流程。Vue是一套用于构建用户界面的渐进式框架，与其他大型框架不同的是，Vue被设计为可以自底向上逐层应用。Vue的核心库只关注视图层，不仅易于上手，还便于与第三方库或既有项目整合。相对于Angular和React而言，Vue的学习曲线比较平稳。此外，当与现代化的工具链以及各种支持类库结合使用时，Vue也完全能够为复杂的单页应用提供驱动。因此，它成为实用和普遍的可靠MVVM框架之一。

本书以Vue技术为核心，共分为11章，涵盖的主要内容有Vue的介绍与框架对比、Vue的安装与引入、Vue的语法与指令、class与style绑定、过滤器、过渡与动画、组件、前端路由、状态管理与Vuex、Vue项目的搭建与部署，以及Vue项目案例。

本书所需基础知识

Vue以JavaScript为基础，因此在学习框架之前需要具备JavaScript的基础知识，包括关键字、语法、事件和对象引用等。虽然在书中会对用到的语法进行简单的介绍以确保读者可以理解，但良好的JavaScript基础能帮助读者快速理解Vue的语法。

类似于JavaScript，前端开发中的HTML5和CSS的用法也是必不可少的，实际项目中将会使用HTML5和CSS对前端页面的样式进行调整。HTML5和CSS并不困难，读者可以结合案例与图片进行理解。

本书所需工具

学习Vue的过程中需要用到代码编辑器，这里推荐使用Visual Studio Code或IntelliJ IDEA，它们都有良好的Vue支持以及大量的插件，可以帮助编辑代码。另外，还需要使用Web浏览器，建议使用Chrome或Firefox用于页面调试。

本书阅读建议

对于没有编程经验的Vue初学者而言，建议将本书读完。虽然上手时往往会觉得Vue并不困难，但是在实际开发中容易遇到许多问题，而初学者往往不知道问题的根源和解决方法，只能从头重新回顾。本书中有丰富的案例，推荐初学者跟着案例一步步亲自动手实现。

对于有前端框架使用经验或Vue 2.x开发经验的读者而言，推荐根据需要阅读第3～10章，并关注其中Vue 3.0与Vue 2.x的改变，特别是那些非兼容性的改变，这将在很大程度上影响项目的开发习惯与重构等方面。

本书的绝大多数知识点都配有实例代码，请扫描目录上方二维码获取。运行这些代码并上手操作将会加深理解，在阅读本书时不妨打开编译器运行、修改样例。

在实战章节中，本书并没有放入 style 相关的代码，相信阅读到此处的读者可以一定程度上定制自己喜欢的风格。书中也介绍了易用的样式插件，读者可以轻松地实现样例中的样式，甚至完全换成另外一种风格。

本书配套视频请先扫描封底刮刮卡中的二维码，再扫描书中对应位置二维码观看。

本书的作者为吕云翔、江一帆，曾洪立参与了部分内容的编写并进行了素材整理及配套资源制作等。

由于作者的水平和能力有限，书中难免有疏漏之处，恳请各位同仁和广大读者给予批评指正，也希望各位能将实践过程中的经验和心得与我们交流。

作　者

2021 年 7 月

目　录

第1章 Vue.js 介绍

本章将从 Vue 的概念出发，介绍 Vue 的特色以及与其他前端框架的不同，同时介绍 Vue 3.0 的一些新特性。

视频讲解

1.1 什么是 Vue.js

Vue（读音类似 view）是一种模型-视图-视图模型（Model-View-ViewModel，MVVM），View 和 Model 是独立的，ViewModel 是 View 和 Model 交互的桥梁。当 View 的某个部分需要更新时，Vue 会自动选择恰当的方法和时机进行更新。

Vue 的开发者将其称为渐进式框架。与其他重量级框架不同的是，Vue 的核心库只关注视图层，而且被设计为可以自底向上逐层应用。得益于 Vue 简单的 API（Application Programming Interface，应用程序接口），以及可以阶段性使用的特点，使得 Vue 十分容易上手。同时，它与第三方库或既有项目的整合也十分便捷。

1.2 Vue 与其他框架

在 MVVM 框架中，Vue 的表现十分优秀。原因在于 Vue 吸取了其他框架（如 React、Angular 等）的优势，在这一节将会对比 Vue 与其他框架。

1.2.1 Vue 与 React

React 的特点是使用 JavaScript 语言就可以编写前后端，因此 HTML 代码需要写在 JavaScript 文件中（现在也越来越多地将 CSS 纳入 JavaScript 中处理），同时前后端代码需要写在一起。这种编程方式也叫“多语言混合式编程”，会导致代码难以理解、调试。

React 与 Vue 有许多相似之处，它们都将注意力集中保持在核心库，使用虚拟 DOM（Document Object Model，文档对象模型）以降低页面开销，并且提供了响应式和组件化的视图组件。

在 React 应用中，当某个组件的状态发生变化时，它会以该组件为根，重新渲染整个组件子树。对于不必要子组件的重渲染则需要手动控制。而在 Vue 应用中，组件的依赖是在渲染过程中自动追踪的，所以系统能精确知晓哪个组件确实需要被重渲染。Vue 的这个特点使得开发者不再需要考虑此类优化。

在 React 中，所有组件的渲染功能都依靠 JSX。但在 Vue 中，也提供了渲染函数，支持

JSX，同时 HTML 都是合法的 Vue 模板。对于 CSS 而言，在 React 中是通过 CSS-in-JS 实现 CSS 作用域的，在 Vue 中则通过单文件组件里类似 style 的标签。

在应用开发方面，React Native 支持使用相同的组件模型编写有本地渲染能力的 iOS 和 Android 软件，并且能同时跨多平台开发。而 Vue 方面，Weex 支持的原生应用的组件开发有待进一步成熟。

1.2.2 Vue 与 AngularJS

Vue 的灵感来源于 AngularJS，但是 Vue 解决了 AngularJS 中存在的许多问题。相比于 AngularJS，Vue 在速度与体积上都有优势。

Vue 与 AngularJS 最大的区别在于 Vue 没有脏检测机制。在 AngularJS 中存在多个 watcher，当 watcher 越来越多时，检测耗时会越来越长。因为作用域内的每次变化，所有 watcher 都要重新计算。并且，如果一些 watcher 触发另一个更新，就会引发所有 watcher 重新计算，从而进入一种无限循环的脏检测。这种脏检测机制性能低下，而且有时没有简单的办法来优化有大量 watcher 的作用域，并不适合大型 Web 应用。而 Vue 使用基于依赖追踪的观察系统并且异步队列更新，全局只设置一个 watcher，用这一个 watcher 记录和更新一组关联对象的值，因此所有的数据变化都是独立触发的，除非它们之间有明确的依赖关系。

在数据流方面，Vue 在不同组件间强制使用单向数据流，使得数据流更加清晰易懂。而 AngularJS 在单向数据流的视图渲染、事件绑定之外，还参与了 View 对 Model 层的数据更新，即双向数据绑定。

1.2.3 Vue 与 Angular(Angular2)

Angular 具有优秀的组件系统，在 AngularJS 中的许多实现已经完全重写，API 也完全改变了。重写过的 Angular 有着很快的速度，在性能测试数据上与 Vue 十分接近。

在体积方面，最近的 Angular 版本使用了 AOT 和 tree-shaking 技术，使得最终的代码体积减小了许多。但 Vue 项目还是要小得多。

在学习曲线上，学习 Vue 只需要 HTML 和 JavaScript 基础。而 Angular 的学习曲线则比较陡峭，由于 Angular 的设计目标只针对大型的复杂应用，它的 API 更多，概念也更多。因此初学者上手时会有比较多的困难。

1.2.4 Vue 与其他框架

Polymer 也是 Vue 的一个灵感来源，两者具有相似的开发风格。最大的不同之处在于，Polymer 需要重量级的 polyfills 帮助工作，一方面导致了性能的下降，另一方面浏览器本身并不支持这些功能。相比而言，Vue 不依赖 polyfills，并且支持 IE9。

Ember 是一个全能框架，它提供了大量的约定，同时也存在学习曲线高、不灵活的问题。在性能上，Vue 比 Ember 好很多，Vue 能够自动批量更新，而 Ember 在性能敏感的场景下需要手动管理。Vue 在普通 JavaScript 对象上建立响应，Ember 中需要放在 Ember 对象内，并且手动为计算属性声明依赖。

1.3 Vue 3.0 的简述

本章将会列举 Vue 3.0 的一些新特性以及与 Vue 2.x 不兼容的一些变更，以便有 Vue 2.x 经验的读者在开发过程中注意到这些改变。Vue 3.0 所做改变的细节将会在每个对应章节内进行详述。

对比 Vue 2.x，Vue 3.0 通过 tree-shaking 减小约 41%捆绑包体积，初始渲染速度提升约 55%，更新速度提升约 133%，内存使用率降低约 54%等。

1.3.1 Vue 3.0 的新特性

在基于对象的 2.x API 基本没有变化的情况下，Vue 3.0 引入了 Composition API。Composition API 在代码组织模式上更灵活，类型推导也更稳定，使得 Vue 在大型应用中更有竞争力。目前，已经有适用于 Vue 2.x 和 Vue 3.0 的 Composition API 实用程序库。

在 Vue 3.0 中提供了 Teleport，允许开发者控制在 DOM 中哪个父节点下呈现 HTML，实现时将不必求助于全局状态或将其拆分为两个组件。

在 Vue 3.0 中，组件可以有多个根节点，也就是片段，前提是开发者明确定义属性应该分布在哪里。

Vue 3.0 中的< style scoped >可以包含全局规则或只针对插槽内容的规则。

目前，Vue 3.0 有一些实验性特性，包括单文件组件组合式 API 语法糖(< script setup >)和单文件组件状态驱动的 CSS 变量(< style vars >)。

1.3.2 从 Vue 2.x 开始的重大改变

Global API 方面，全局 Vue API 已更改为使用应用程序实例，全局和内部 API 已经被重构为可 tree-shakable，通过 tree-shakable 可以减少 50%以上的运行时间。

在模板指令中，v-model 的用法、< template v-for >和非 v-for 节点上 key 的用法、v-if 和 v-for 的优先级都已经更改。v-bind="object"排序敏感，并且 v-for 中的 ref 不再注册 ref 数组。

Vue 3.0 移除了 Vue 2.x 中的一些 API：keyCode 用作 v-on 的修饰符、过滤、内联模板 attribute 以及 $on、$off、$once 和 $destroy 实例方法。

此外，Vue 3.0 在组件、渲染函数等部分也做了一些改变，将会在对应的章节进行说明。

1.3.3 库与工具的支持

Vue 所有的官方库和工具都支持 Vue 3.0，在 2020 年年底前，官方库已正式发布稳定版，包括 Vue Router、Vuex 等。

vue-cli 提供内置选项，可以在创建新项目时选择 Vue 3.0 预设。升级 vue-cli 并运行 vue create 来创建 Vue 3.0 项目。

Vue Router 4.0 提供 Vue 3.0 支持，新版本的 Devtools 目前只支持 Vue 3.0，但经过新的 UI 设计和内部结构重构，将会在未来的更新中支持多个 Vue 版本。

VSCode 和 Vetur 都提供对 Vue 3.0 的全面支持。

1.4 本章小结

本章从Vue的快速、轻量化特点切入，介绍了它作为渐进式的MVVM框架的特性。通过与其他框架，如React、Angular的对比，读者可以更直观地选择适合实际开发的框架。而Vue作为渐进式框架，其平稳的学习曲线对于前端框架的新手而言是十分友好的，只需要掌握HTML和JavaScript的基础知识便可以轻松上手。

新的Vue 3.0则在基于对象的Vue 2.x的基础上加入了Composition API，即组合式API。组合式API在代码组织模式上的灵活性使Vue 3.0在大型应用中更有竞争力。其他的改变，如组件、渲染、指令等，则会在本书后续的章节中进行详述。Vue所有的官方库和工具都支持Vue 3.0。

1.5 练习题

一、填空题

1. Vue被称为________框架。
2. Vue的核心库只关注________。
3. 本章介绍Vue的特点有________。
4. Vue 3中的________现在可以包含全局规则或只针对插槽内容的规则。
5. 目前Vue 3有一些实验性特性，包括________。

二、单选题

1. Vue（读音类似view）是一种(　　)模型。
   A. 模型-视图-视图　B. 视图-模型-视图　C. 视图-模型　D. 模型-视图
2. React与Vue都将注意力集中保持在(　　)。
   A. 相关库　B. 请求库　C. 数据库　D. 解析库
3. Vue在不同组件间使用(　　)。
   A. 单向数据绑定　B. 单向数据流　C. 双向数据绑定　D. 双向数据流
4. Vue全局设置(　　)个watcher。
   A. 4　B. 3　C. 2　D. 1
5. Vue支持到(　　)版本。
   A. IE 9　B. IE 8　C. IE 7　D. IE 6

三、判断题

1. 在Vue应用中，当某个组件的状态发生变化时，它会以该组件为根，重新渲染整个组件子树。(　　)
2. Vue与AngularJS相比最大的区别在于Vue没有脏检测机制。(　　)
3. 最近的Angular版本使用了AOT和tree-shaking技术，使得最终的代码体积减小到接近Vue的水平。(　　)
4. 对比Vue 2，Vue 3通过tree-shaking减小约41%捆绑包体积，初始渲染速度提升约55%、更新速度提升约133%，内存使用率降低约54%等。(　　)

5. 在 Vue 3 中,组件可以有多个根节点,也就是片段,前提是开发者明确定义属性应该分布在哪里。 (　　)

四、问答题

1. 什么是 MVVM 框架?
2. 在学习 Vue 之前需要掌握哪些基础知识?
3. Vue 的灵感来源于哪个框架? Vue 中组件的重渲染需要手动控制吗?
4. 相比 Vue 2.x,Vue 3.0 在哪些性能方面有所提升?

第2章 第一个 Vue 应用

视频讲解

本章将会对 Vue 3.0 和工具的安装进行介绍,并在此基础上完成第一个 Vue 3.0 应用。Vue 设计的初衷包括可以被渐进式地采用,这意味着它可以根据需求以多种方式集成到一个项目中。因此在最开始,我们可以很简单地引入 Vue。

2.1 准备 Vue 3.0

2.1.1 引入 Vue.js

将 Vue 3.0 添加到项目中主要有以下三种方式。

第一种方式是在页面上以 CDN package 的形式导入,添加的位置如例 2-1 所示。

【例 2-1】 以 CDN 形式引入

```
<!DOCTYPE html>
<html>
    <head>
        <meta charset="utf-8" />
        <title>Vue</title>
        <script src="https://unpkg.com/vue@next"></script>
    </head>
    <body>
    </body>
</html>
```

对于学习或制作原型,可以使用以下语句:

```
<script src="https://unpkg.com/vue@next"></script>
```

对于生产环境,则推荐链接到一个明确的版本号和构建文件,例如:

```
<script src="https://unpkg.com/vue@3.0.2"></script>
```

第二种方式是通过 npm 工具安装 Vue 3.0,推荐在构建大型应用时使用。在 Node 的官网下载 Node,同时会得到 npm 工具。npm 工具能很好地和 Webpack、Browserify 等模块打包器配合使用。在命令行输入以下指令安装 Vue 3.0 最新稳定版:

```
npm install vue@next
```

由于 npm 工具的仓库源布置在国外，传输速度较慢，作为替代可以使用淘宝镜像源的 cnpm：

```
npm install -g cnpm --registry=https://registry.npm.taobao.org
```

之后，就可以用 cnpm 指令替代 npm 指令进行安装。

第三种方式是使用命令行工具 Vue CLI。Vue CLI 是一个由官方提供的基于 Vue.js 进行快速开发的完整系统，为单页面应用(Single Page Application，SPA)快速搭建繁杂的脚手架。它确保了各种构建工具能够基于智能的默认配置，平稳衔接，这样开发者可以专注在开发应用上。Vue CLI 可以快速运行并带有热重载、保存时 lint 校验，以及生产环境可用的构建版本。

对于 Vue 3.0，应该使用 npm 工具上可用的 Vue CLI v4.5 作为@vue/cli@next，通过全局重新安装最新版本的@vue/cli 进行升级。可使用下列任意一条指令进行安装：

```
yarn global add @vue/cli@next
npm install -g @vue/cli@next
```

然后在 Vue 项目中运行：

```
vue upgrade --next
```

2.1.2 安装 Vue Devtools

在开始开发 Vue 之前，推荐在浏览器中安装 Vue Devtools，它可以便于开发者在一个更友好的界面中调试 Vue 应用。Vue Devtools 提供了一个查看 Vue 组件和全局状态管理器 Vuex 中数据的界面。

对于 Google Chrome 和 Firefox，都可以在浏览器的应用商店中搜索 Vue Devtools，然后直接安装。

在访问商店有困难的情况下，也可以根据以下步骤进行手动安装。

(1) 在 git bash 中输入以下指令，复制 Vue Devtools 仓库。

```
git clone https://github.com/vuejs/vue-devtools.git
```

(2) 进入新创建的 vue-devtools 文件夹。

(3) 在命令行中分别运行以下指令。

```
yarn install
yarn run build
```

(4) 打开 Chrome 浏览器。

(5) 选择【菜单】→【更多工具】→【扩展程序】命令。

(6) 单击右上角的【开发者模式】按钮。

(7) 单击左侧的【加载已解压的扩展程序】按钮。

(8) 选择文件夹 vue-devtools/packages/shell-chrome/。

(9) 等待安装完成。

安装完成后,可以在网页按 F12 键调出调试工具,查看 Vue Devtools,其界面如图 2-1 所示。

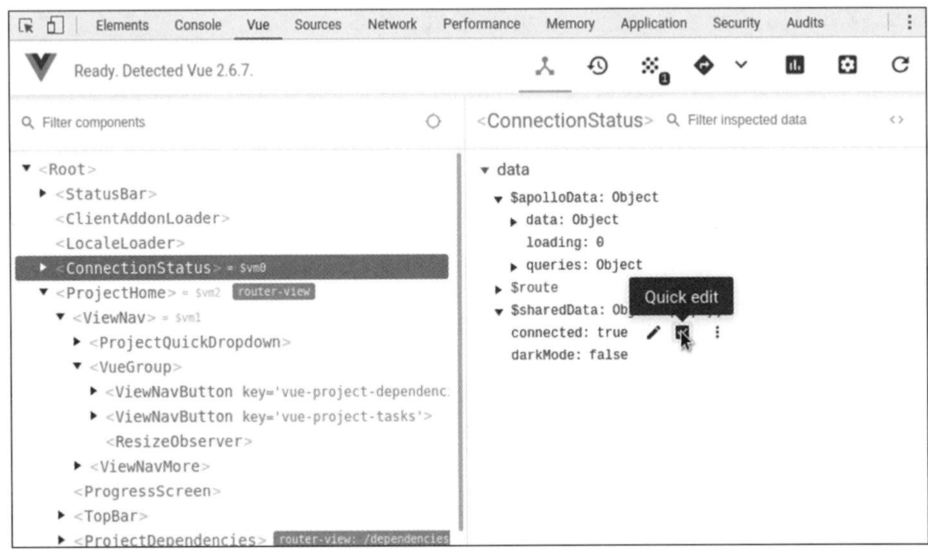

图 2-1 Vue Devtools 界面

2.2 Vue 实例和数据绑定

2.2.1 构建 Vue 3.0 项目

Vue 3.0 支持使用 Vite 构建一个项目。Vite 是一个 Web 开发构建工具,可以快速提供代码。通过在命令行中运行以下命令,可以使用 Vite 快速构建 Vue 项目。

使用 npm:

```
npm init vite-app <project-name>
cd <project-name>
npm install
npm run dev
```

或者使用 yarn:

```
yarn create vite-app <project-name>
cd <project-name>
yarn
yarn dev
```

2.2.2 项目实例：Hello Vue3

在项目创建完成后，在 App. vue 与 main. js 中编写第一个 Vue 3.0 应用，代码分别如例 2-2 与例 2-3 所示。

【例 2-2】 App. vue 中的代码

```
<template>
  <div id="app">
    <p>{{ hello }}</p>
  </div>
</template>

<script>
import { ref } from "vue";

export default {
  setup() {
    const hello = ref("Hello Vue3");
    return {
      hello,
    };
  },
};
</script>
```

【例 2-3】 main. js 中的代码

```
import { createApp } from 'vue'
import App from './App.vue'
import './index.css'

createApp(App).mount('#app')
```

使用 npm run dev 指令正确运行后，将会在网页上看到 Hello Vue3 的字样，如图 2-2 所示。至此，第一个 Vue 3.0 应用创建成功。

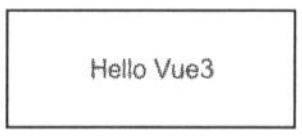

Hello Vue3

图 2-2 第一个 Vue 3.0 应用的运行效果

对于这个实例，在 main. js 中使用 Vue 3.0 新增的 createApp 函数创建了一个新的应用实例，并挂载到名为 App 的 DOM 元素上。

在 App. vue 中定义了 hello，并通过 setup 函数将其初始值设为'Hello Vue3'。其中，setup 函数是组合 API 的入口点，而 ref 函数则帮助 Vue 监听 hello，当它发生变化时，Vue 会自动更新视图。Vue 会声明式地将数据渲染进 DOM 的系统，所有东西都是响应式的，也就是说当数据发生变化时，会同步更新其数据链和作用域中所有的相关状态。

2.2.3 setup 函数与生命周期

setup 函数是 Vue 3.0 中新增的一个组件选项，为使用 Vue 3.0 的组合式 API 新特性提供了统一的入口，会在原有的 beforeCreate 函数之后、created 函数之前执行。setup 函数的参数有两个：props 和 context。

在 props 中定义外界传递过来的参数名称和类型，并在 setup 函数的第一个形参接收。

setup 函数的第二个形参 context 是一个上下文对象，包含了 attrs、slots 等属性。由于在 setup 函数中无法访问到 this，因此使用形如 context. attrs 的方式访问这些属性。对于 setup 函数与 props、context 的使用，如例 2-4 所示。

【例 2-4】 setup 函数与 props、context 的使用

```
<script>
export default {
  setup(props, context) {
      console.log(props.arg1)
      console.log(context)
  },

  props: {
    arg1: string,
    arg2: int,
  },

  // context 中的内容：
  // context :{
  // attrs: Data
  // slots: Slots
  // emit: (event: string, ...args: unknown[]) => void
  // 以及 parent, refs, root...
  // }
};
</script>
```

在 Vue 3.0 中，生命周期钩子注册函数也有变化。在 setup 函数中可以使用直接导入的 onX 函数注册生命周期钩子。这些生命周期钩子注册函数只能在 setup 函数期间同步使用，因为它们依赖于内部全局状态定位当前活动实例，也就是正在调用其 setup 函数的组件实例。

在 Vue 2.x 的生命周期钩子注册函数中，删除 beforeCreate 与 created 函数，直接使用 setup 函数，其他生命周期钩子注册函数可以加上前缀 on 后在 setup 函数中使用，例如，beforeMount 变为 onBeforeMount、mounted 变为 onMounted，如例 2-5 所示。

【例 2-5】 生命周期钩子注册函数

```
import { onMounted, onUpdated, onUnmounted } from 'vue';

export default {
  setup(props, context) {
    onMounted(() => {
      console.log('mounted!')
    })
    onUpdated(() => {
      console.log('updated!')
    })
```

```
    onUnmounted(() => {
      console.log('unmounted!')
    })
  }
};
```

2.2.4 数据

在 Vue 3.0 中，通过 ref 函数与 reactive 函数在 setupb 函数内创建响应式的对象。

ref 函数接收一个内部值并返回一个响应式且可变的 ref 对象，这个对象上只包含一个.value 属性。想要访问 ref 对象的内部值需要使用 property.value。

reactive 函数会返回原始对象的响应式副本，它影响所有嵌套 property，等价于 Vue 2.x 中的 Vue.observable 函数。

toRefs 函数可以将 reactive 函数创建出来的响应式对象，转换为普通的对象，这个对象上的每个属性节点都是 ref 类型的响应式数据。结果对象的每个 property 都是指向原始对象相应 property 的 ref。

当把 ref 对象挂载到 reactive 上时，会自动把响应式数据对象展开为原始的值，无须通过.value 就可以直接被访问。

2.2.5 数据实例：显示响应式对象

从 Vue 中导入 ref、reactive、toRefs 函数后，在 setup 函数中创建 ref 对象 a，以及 reactive 对象 state，其中 state 包含 b 与 c 属性。在 return 中，将 state 转换为 ref 对象，使其具有响应式的属性。完整代码如例 2-6 所示。

【例 2-6】 显示响应式对象

```
<template>
  <div id="app">
    <p>{{ a }}</p>
    <p>{{ b }}</p>
    <p>{{ c }}</p>
  </div>
</template>

<script>
import { ref, reactive, toRefs } from "vue";

export default {
  setup() {
    const a = ref(2);      //一个响应式且可变的 ref 对象,此时 a 的值为 2

//创建对象的响应式副本,并非直接响应式
    const state = reactive({
      b: 3,
      c: "Vue 3.0.0",
    });
```

```
    a.value = 4;

    return {
      a,
      ...toRefs(state),      //toRefs 函数将 data 转换为响应式
    };
  },
};
</script>
```

使用 Vue Devtools 可以查看 a、b、c 的值以及它们的类型，如图 2-3 所示。

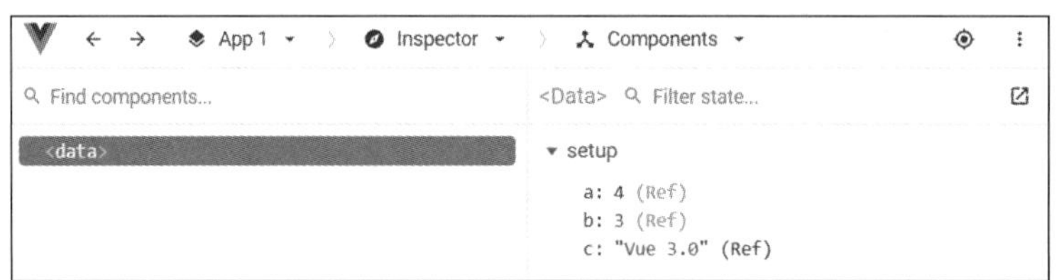

图 2-3　使用 Vue Devtools 查看样例

2.2.6　方法

在 Vue 2.x 中，可以用 methods 选项向组件实例添加方法，在 Vue 3.0 中仍然支持。而 Vue 3.0 还可以将原来 methods 中的方法写在 setup 函数中，与 Vue 2.x 一样使用。需要注意的是，想要访问到方法，同样需要在 setup 函数的 return 中写入方法名。

2.2.7　方法实例：修改响应式对象的值

在之前的数据实例中，再添加一个按钮，并赋予一个@click 事件，在单击之后修改 a、b、c 的值。在 template 中添加按钮的代码如例 2-7 所示。

【例 2-7】　在 template 中添加按钮

```
<button @click = "changeBtn">改变</button>
```

之后，在 setup 方法中编写修改值的方法，其中修改 a 的值需要通过 a.value。编写完成后，在 return 中返回方法名称。setup 中加入的代码如例 2-8 所示。

【例 2-8】　在 setup 中编写修改方法

```
const changeBtn = () => {
      console.log("---changing------");
      state.b = 5;
      state.c = "changed";
      a.value = 8;
   };

   return {
      a,
```

```
        ...toRefs(state),       //toRefs 函数将 data 转换为响应式
        changeBtn
    };
```

在网页中单击按钮,可以看到 a、b、c 的值被修改。修改前后的对比如图 2-4 所示。

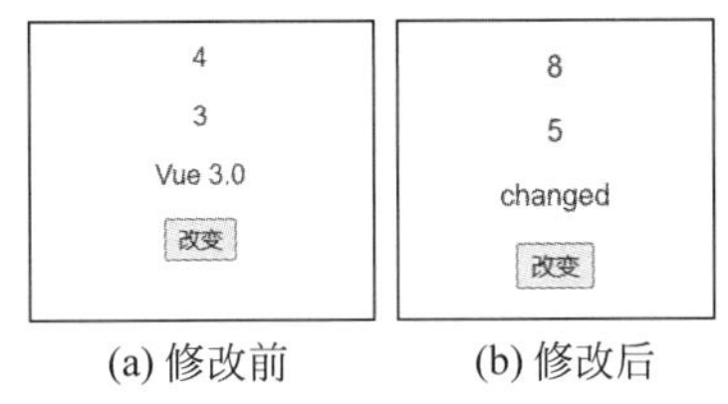

(a) 修改前　　(b) 修改后

图 2-4　值修改前后对比

2.3 本章小结

本章介绍了 Vue 3.0 的三种引入方式,分别为 CDN package 导入、npm 安装以及命令行工具 Vue CLI 构建项目。此外,还介绍了浏览器调试工具 Vue Devtools,它允许开发者在一个更友好的界面中审查和调试 Vue 应用。

在本章中,使用 Vite 快速构建了一个 Vue 3.0 项目。Vite 是一个 Web 开发构建工具,可以快速提供代码。在项目构建的实例中,使用 Vue 3.0 新增的 createApp 函数创建了一个新的应用实例。

作为 Vue 3.0 的组合式 API 的统一入口,本章介绍了 setup 函数的使用方法及其参数 props 和 context,以及 Vue 2.x 中的生命周期钩子注册函数在 setup 函数中的使用方法。

对于数据与方法,Vue 3.0 则在支持 Vue 2.x 中 data 与 methods 写法的同时,加入了通过 ref 函数与 reactive 函数在 setup 函数内创建响应式的对象,以及在 setup 函数内编写方法的语法。

最后,本章还提供了项目构建、数据、方法的实例,读者可以通过这些实例认识到 Vue 3.0 在实际项目中的使用。

2.4 练习题

一、填空题

1. 本章介绍了 Vue 3 的三种引入方式,分别是________。

2. 本章介绍了浏览器调试工具________,它允许开发者在一个更友好的界面中审查和调试 Vue 应用。

3. 在 Vue 3 中,通过________函数与________函数在 setup 内创建响应式的对象。

4. 对于数据与方法,Vue 3 则在支持 Vue 2.x 中________写法的同时,加入了通过________在 setup 内创建响应式的对象,以及在 setup 函数内编写方法的语法。

5. setup 函数是 Vue 3 中新增的一个________选项,为使用 Vue 3 的组合式 API 新特性提供了统一的入口。

二、单选题

1. <script src="https://unpkg.com/vue@next"></script>不适用(　　)。

   A. 学习原型　　B. 制作原型

   C. 不需要明确版本号的工作　　D. 生产环境

2. 通过 npm 安装 Vue 3,推荐在构建(　　)应用时使用。

   A. 小型　　B. 中型　　C. 大型　　D. 均可

3. Setup 用于定义外界传递过来的参数名称和类型的参数是(　　)。

   A. props　　B. context　　C. beforeCreate　　D. beforeMount

4. toRefs 函数可以将(　　)创建出来的响应式对象,转换为普通的对象。

   A. ref　　B. reactive　　C. props　　D. context

5. 在 Vue 3 中会返回原始对象的响应式副本的函数是(　　)。

   A. ref　　B. reactive　　C. Vue.observable　　D. toRefs

三、判断题

1. 由于 cnpm 的仓库源布置在国外,传输速度较慢,作为替代可以使用淘宝镜像源的 npm。(　　)

2. 对于 Google Chrome 和 Firefox,都可以在浏览器的应用商店中搜索 Vue Devtools 直接安装。(　　)

3. Vue 3 支持使用 Vite 构建一个项目。Vite 是一个 web 开发构建工具,可以快速提供代码。通过在命令行中运行以下命令,可以使用 Vite 快速构建 Vue 项目。(　　)

4. setup 函数的第二个形参 props 是一个上下文对象,包含了 attrs、slots 等属性。(　　)

5. 在 Vue 2.x 中,可以用 methods 选项向组件实例添加方法,在 Vue 3 中仍然支持。(　　)

四、问答题

1. 引入 Vue 的方式有哪三种?分别尝试安装。
2. 简要说明 ref、reactive 与 toRefs 函数的作用。
3. A 是一个 ref 对象,初始值为 0,如何将 A 的值修改为 2?

五、动手做

1. 尝试新建一个 Vue 3.0 项目,并在页面上打印"GOOD JOB!"。
2. 尝试在页面上实现一个计时器,单击按钮开始/暂停计时。

第3章 Vue的内置指令与语法

本章将会对 Vue 3.0 中的语法和内置指令进行介绍，包括插值绑定、计算属性、条件渲染指令、列表渲染指令等，对于在 Vue 3.0 中有变更的部分会在对应的小节中进行说明。

视频讲解

3.1 插值绑定

3.1.1 文本插值与表达式

文本插值最基本的方法是使用双大括号(Mustache 语法)“{{ }}”，Vue 将会获取计算后的值，将大括号里的内容替换为设定值，然后以文本的形式将其展示出来。无论通过任何方法修改数据设定值，大括号的内容都会被实时替换。例 2-2 中的 hello、例 2-5 中的 a、b、c 都是通过这种方式在页面中显示数据的。

除了直接赋值，Mustache 语法也接受表达式形式的值。表达式可由 JavaScript 表达式和过滤器构成。表达式可以有变量、数值、运算符等，表达式的值是它的运算结果。虽然不支持条件语句，但可以通过三元式实现简单的条件判断。

例 3-1 展示了通过文本插值与表达式计算变量、表达式、条件运算符的值，在页面中的效果如图 3-1 所示。

【例 3-1】 通过文本插值计算变量、表达式、条件运算符的值

```
<template>
  <div id="app">
    <p><label>变量:</label> {{ num }}</p>
    <p><label>表达式:</label> {{ 5 + 10 }}</p>
    <p><label>条件运算符:</label> {{ true ? 5 : 10 }}</p>
  </div>
</template>

<script>
import { ref } from "vue";

export default {
  setup() {
    const num = ref("2");
```

```
        return {
          num,
        };
      },
    };
  </script></body>
  </html>
```

Vue 的“{{ }}”内只支持单个表达式，不支持语句和流控制。并且在表达式中，不能使用用户自定义的全局变量。“{{ }}”可以放在 HTML 标签内，但 Vue 指令和自身特性内是不可以插值的。

变量: 2

表达式: 15

条件运算符: 5

图 3-1　通过文本插值显示变量、表达式、条件运算符值的效果

如果想显示“{{ }}”标签而不进行替换，可以使用 v-pre 跳过这个元素和它的子元素的编译过程。此外，HTML 绑定 Vue 实例，在页面加载时可能会闪烁。原因是 Vue 来不及渲染，页面显示出了 Vue 源代码，可以使用 v-cloak 指令隐藏未编译的 Mustache 标签直到实例准备完毕。

3.1.2　过滤器

在 Vue 2.x 中支持在“{{ }}”插值的尾部添加过滤器，用管道符“|”表示。经常用于格式化文本，如字母全部大写、格式化日期等。过滤的规则是可以自定义的，通过给 Vue 实例添加 filters 来设置。在 Vue 3.0 中，过滤器已被移除，建议使用方法或计算属性来实现。

下面的例 3-2 实现了内置过滤器、过滤器串联与过滤器传参。uppercase 是 Vue 的一个内置过滤器，可以将字符串转换为大写。通过使用多个管道符号可以将多个过滤器进行串联。

【例 3-2】 内置过滤器、过滤器串联与过滤器传参

```
{{ string | uppercase }}
{{ string | filterA | filterB }}
{{ string | filter arg1 arg2 }}
```

当有多个参数时，可以通过空格将参数分开，过滤器会将 string 作为第一个参数，arg1、arg2 分别作为第二个、第三个参数传入。参数可以是表达式，也可以使用单引号传入字符串。

包括 uppercase，Vue 总共内置了 10 种过滤器，将会在第 5 章进行详细介绍。

3.1.3　HTML 插值

HTML 插值可以动态渲染 DOM 节点，常用于处理开发者不可预知和难以控制的 DOM 结构。与文本插值不同的是，文本插值中的代码被解释为节点的文本内容，而 HTML 插值中的代码则被渲染为视图节点。

对于值是 HTML 的片段，可以使用三个大括号“{{{ }}}”来绑定，也可以在标签内使用

v-html=" "的形式。所接收的字符串不会进行编译等操作，Vue 会把被绑定的内容解析为 DOM 节点，按照普通 HTML 处理，从而实现动态渲染视图的效果。

需要注意的是，在网站上直接动态渲染任意 HTML 片段，容易导致 XSS(Cross Site Scripting，跨站脚本攻击)。因此，开发者应尽量多地使用 Vue 自身的模板机制，减少对 HTML 插值的使用，并且只对可信内容使用 HTML 插值。

3.2 计算属性

在项目开发中，往往会在模板中使用表达式或过滤器来对数据进行处理。当表达式过长或者逻辑更复杂时，模板就会变得难以维护。为了避免这种问题，Vue 提供了计算属性，对逻辑进行简化。

3.2.1 计算属性的概念

计算属性会在其依赖属性的值发生变化时，对属性的值进行自动更新，同时更新相关的 DOM 部分。通过从 Vue 中导入 computed 来使用计算属性。

例 3-3 给出了计算属性的例子，double 会始终保持为 num 的两倍，使用按钮增加 num 的值，double 也会随之改变。显示结果如图 3-2 所示。在 Vue Devtools 中可以查看计算属性的值，如图 3-3 所示。

【例 3-3】 计算属性

```
<template>
  <div id="app">
    <p>{{ num }}</p>
    <p>{{ double }}</p>
    <button @click="addBtn"> num + 1 </button>
  </div>
</template>

<script>
import { computed, toRefs, reactive, ref } from "vue";

export default {
  setup() {
    const data = reactive({
      num: 1,
    });

    const double = computed(() => {
      return data.num * 2;
    });

    const addBtn = () => {
      data.num++;
    };
```

```
      return {
        ...toRefs(data),
        double,
        addBtn,
      };
    },
  };
</script>
```

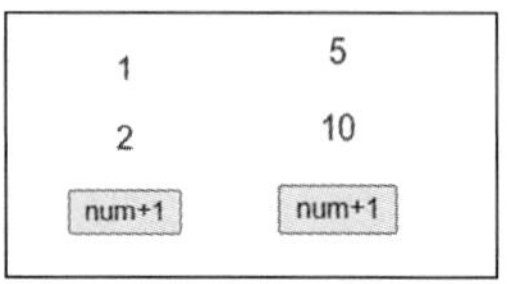

图 3-2　计算属性的显示

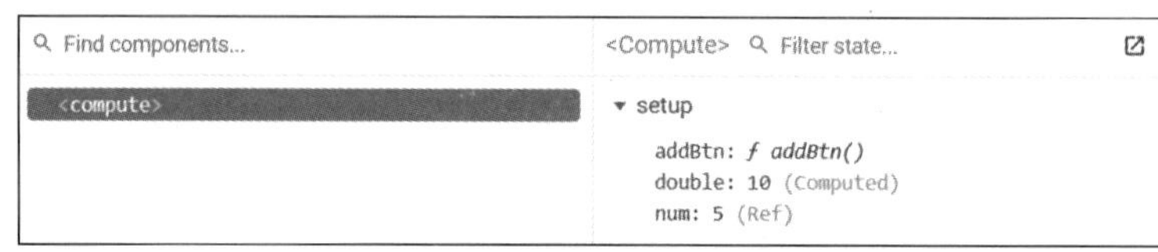

图 3-3　在 Vue Devtools 中查看属性

除了以上这种写法，也可以将 computed 写在 data 中，同样可以达到相同的效果，如例 3-4 所示。

【例 3-4】 计算属性的另一种写法

```
const data = reactive({
      num: 1,
      doubleNum: computed(() => data.num * 2),
    });
```

3.2.2　计算属性

在例 3-3 中，如果尝试修改 double 的值，会发现 Vue 会给出一个 warning，原因是所创建的 double 是只读的计算属性。通过传入一个包含 get 和 set 函数的对象，可以得到一个可读可写的计算属性。

在例 3-5 中创建了一个可读可写的计算属性 tripple，它的值会保持为 num 的三倍。单击按钮将 tripple 的值修改为 9，此时 num 的值也会被一同修改为 3。修改前后的结果如图 3-4 所示。

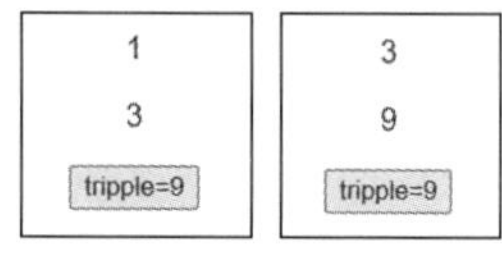

(a) 修改前　(b) 修改后

图 3-4　修改 tripple 前后的结果

【例 3-5】 可读可写的计算属性

```
const tripple = computed({
  get: () => data.num * 3,
  set: (val) => {
    data.num = val / 3;
  },
});
```

在 computed 中，get 是取值函数，set 是赋值函数。为计算属性赋值时，会触发 set 函数，触发 set 函数后，num 的值会被更新。

3.2.3 侦听属性

watch 函数用来监视指定数据项的变化，从而触发用户自定的操作。watch API 完全等同于选项式 API this. $ watch。watch 需要指定侦听的数据源，并在回调函数中执行副作用。默认情况下，回调仅在侦听的数据源发生改变时调用。通过从 Vue 中导入 watch 函数来使用侦听属性。

例 3-6 给出了使用 watch 函数侦听 reactive 类型的 num 与 ref 类型的 count 的例子。watch 可以获取新值与更新前的值，当 num 与 count 改变时，会执行回调函数，在控制台打印更新前后的值。页面布局与控制台输出结果分别如图 3-5 与图 3-6 所示。

【例 3-6】 侦听 num 与 count 并打印变化

```
//侦听 reactive 类型的数据源
const data = reactive({
  num: 1,
});

watch(
  () => data.num,
  (newNum, oldNum) => {
    console.log("newNum = ", newNum);
    console.log("oldNum = ", oldNum);
  }
);

//侦听 ref 对象
const count = ref(0);

watch(count, (newCount, oldCount) => {
  console.log("newCount = ", newCount);
  console.log("oldCount = ", oldCount);
});
```

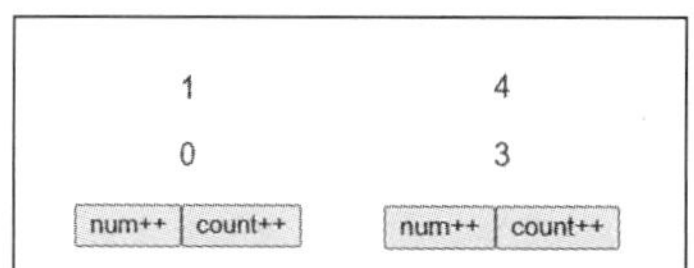

图 3-5　页面布局

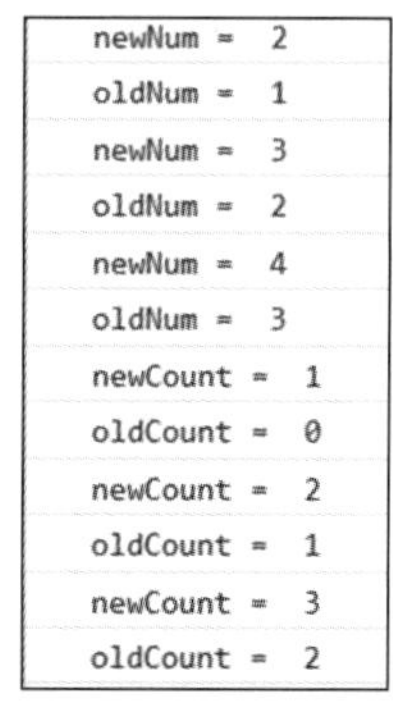

图 3-6　控制台输出结果

侦听器还可以使用数组同时侦听多个源，如例 3-7 所示。

【例 3-7】 侦听多个数据源

```
//侦听多个 reactive 类型
watch(
  [() => data.num1, () => data.num2],
  ([newNum1, newNum2], [prevNum1, prevNum2]) => {
    //Do something
  }
);

//侦听多个 ref 类型
watch(
  [count1, count2],
  ([newCount1, newCount2], [prevCount1, prevCount2]) => {
     //Do something
  }
);
```

3.3 v-bind 属性绑定

除了文本之外，DOM 节点还有一些其他重要的属性，这些属性基本都可以用指令 v-bind 进行绑定。

3.3.1 v-bind 指令

v-bind 指令主要用于动态绑定 DOM 元素属性，可以将一个或多个 attribute，或一个组件 prop 动态地绑定到表达式，如例 3-8 所示。

【例 3-8】 v-bind 示例

```
<!-- 绑定 attribute -->
<img v-bind:src="imageSrc" />
<!-- 缩写 -->
<img :src="imageSrc" />
<!-- 内联字符串拼接 -->
<img :src="'/path/to/images/' + fileName" />

<!-- 动态 attribute 名 -->
<button v-bind:[key]="value"></button>
<!-- 动态 attribute 名缩写 -->
<button :[key]="value"></button>
```

3.3.2 绑定 class、style 与 prop

v-bind 在绑定 class 或 style 的 attribute 时，支持其他类型的值，如数组或对象。虽然类名 class 和样式 style 可接收的类型都是字符串，但类名实际上是由数组拼接而成的，而样式则是由对象键值对拼接而成的。

在绑定 prop 时，prop 必须在子组件中声明。可以用修饰符指定不同的绑定类型，如例 3-9 所示。

【例 3-9】 绑定 class、style、prop 的 attribute

```
<!-- class 绑定 -->
<div :class = "[classA, { classB: isB, classC: isC }]">

<!-- style 绑定 -->
<div :style = "{ fontSize: size + 'px' }"></div>
<div :style = "[styleObjectA, styleObjectB]"></div>

<!-- prop 绑定."prop" 必须在 my - component 声明 -->
<my - component :prop = "someThing"></my - component>

<!-- 通过 $props 将父组件的 props 一起传给子组件 -->
<child - component v - bind = " $props"></child - component>
</div>
```

其中,类名 classB 与 classC 分别依赖于数据 isB 和 isC,当 isB 和 isC 为 true 时,div 会拥有类名 classB 与 classC;反之则没有。另外,可以使用三元表达式来根据条件切换类名。

使用:style 时,CSS 属性名称使用驼峰命名(camelCase)或短横分隔命名(kebab-case)。Vue 会自动给特殊的 CSS 属性名称增加前缀,比如 transform。

3.4 v-model 双向绑定

表单控件在项目中十分常用,如输入框、选择等,用它们可以完成数据的录入、提交等操作。通过使用指令 v-model 可以完成表单的数据双向绑定。

3.4.1 v-model 指令

v-model 指令用于在<input>、<textarea>及<select>等表单控件元素上创建双向绑定,它会根据控件类型自动选取正确的方法来更新元素。在修改表单元素值时,对应的实例中的属性值会被同时更新;反之,更改实例中的属性值,表单元素值也会被更新。

在例 3-10 中,给出了用 v-model 绑定<input>、<textarea>及<select>的简单例子,当表单中元素变化时,会更新属性值与视图。元素值更新前后如图 3-7 所示。

【例 3-10】 用 v-model 绑定<input>、<textarea>及<select>

```
<!-- 输入 -->
<input v - model = "message" placeholder = "请输入" />
<p> Message is: {{ message }}</p>
<br />

<!-- 多行文本 -->
<textarea v - model = "mulMessage" placeholder = "请输入" ></textarea>
<br />
<span> Multiline message is:</span>
<p style = "white - space: pre - line">{{ mulMessage }}</p>
```

```
<br />

<!-- 选择 -->
<select v-model="selected">
  <option>A</option>
  <option>B</option>
  <option>C</option>
</select>
<br />
<span>Selected: {{ selected }}</span>
```

需要注意的是,在文本区域<textarea>中插值不起作用,应该使用 v-model 来代替。

另外,由于<select>的视图太差,而当前也不允许开发者自定义 option 的样式,所以一般都会使用其他元素来模拟下拉选择框。

在例 3-10 中,v-model 绑定的值是一个字符串或布尔值。当需要绑定一个动态的数据时,可以用 v-bind 来实现。

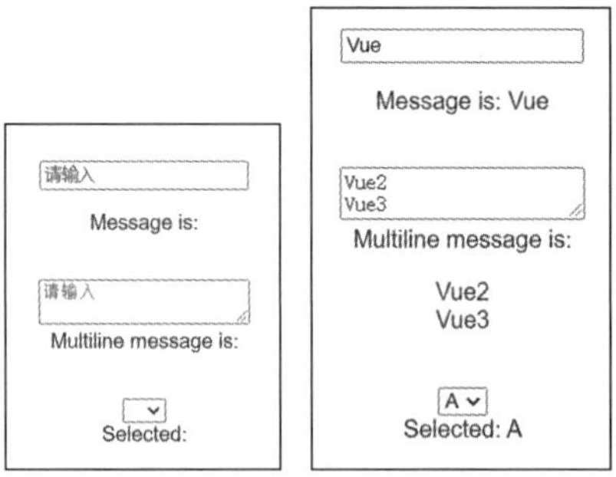

(a) 更新前

(b) 更新后

图 3-7 元素值更新前后

3.4.2 v-model 与修饰符

v-model 的修饰符可以用于控制数据同步的时机。各个修饰符的功能如表 3-1 所示。

表 3-1 v-model 的修饰符

修 饰 符	功 能
.lazy	将用户输入的数据赋值于变量的时机延迟到数据改变时
.number	将用户输入转换为数值类型
.tmn	删除用户输入的首尾空白字符

在输入框中,v-model 默认是在每次 input 事件触发后将输入框的值与数据进行同步。使用修饰符.lazy 会转变为在 change 事件中同步。数据不是实时改变的,而是在失焦或按 Enter 键时才更新。在例 3-10 的<input>中加入.lazy,在输入框内输入时,message 不会立刻更新并显示,而是在按 Enter 键,或是单击页面其他部分时更新 message。

使用修饰符.number 可以将输入转换为 Number 类型,默认情况下会将输入当作 String 类型。

3.4.3 双向绑定实例:制作问卷

学习了使用 v-model 进行双向绑定,现在可以制作一份实时显示各个表单控件元素中所填数据的问卷。通过指定<input>中的 type,可以实现输入、单选、多选等。

通过问卷采集姓名、性别、编程语言、框架以及备注信息,代码如例 3-11 所示,问卷采集前后的效果如图 3-8 所示。

【例 3-11】 问卷

```
<template>
  <div id="app">
    <input v-model.trim="name" placeholder="请输入姓名" class="inText" />
    <h6>姓名：{{ name }}</h6>
    <br />

    <div class="sex">
      <h5>选择性别</h5>
      <input type="radio" id="男" value="男" v-model="sex" />
      <label for="男">男</label>
      <input type="radio" id="女" value="女" v-model="sex" />
      <label for="女">女</label>
    </div>
    <h6>性别：{{ sex }}</h6>
    <br />

    <div class="mulChoice">
      <h5>选择语言</h5>
      <input type="checkbox" id="HTML" value="HTML" v-model="checkedLang" />
      <label for="HTML">HTML</label>
      <input type="checkbox" id="CSS" value="CSS" v-model="checkedLang" />
      <label for="CSS">CSS</label>
      <input
        type="checkbox"
        id="JavaScript"
        value="JavaScript"
        v-model="checkedLang"
      />
      <label for="JavaScript">JavaScript</label>
    </div>
    <h6>语言：{{ checkedLang }}</h6>
    <br />

    <select v-model="selected" class="select">
      <option disabled selected value style="display: none">请选择框架</option>
      <option>Vue 2.x.x</option>
      <option>Vue 3.0.0</option>
    </select>
    <h6>框架：{{ selected }}</h6>

    <textarea
      v-model="mulMessage"
      placeholder="备注"
      class="mulText"
    ></textarea>
    <br />
    <h6>备注:</h6>
    <p style="white-space: pre-line;margin-top: -20px">{{ mulMessage }}</p>
```

```
      <br />
    </div>
  </template>

  <script>
  import { reactive, ref, toRefs } from "vue";
  export default {
    setup() {
      const data = reactive({
        name: "",
        mulMessage: "",
        selected: "",
        sex: "",
        checkedLang: [],
      });

      return {
        ...toRefs(data),
      };
    },
  };
  </script>
```

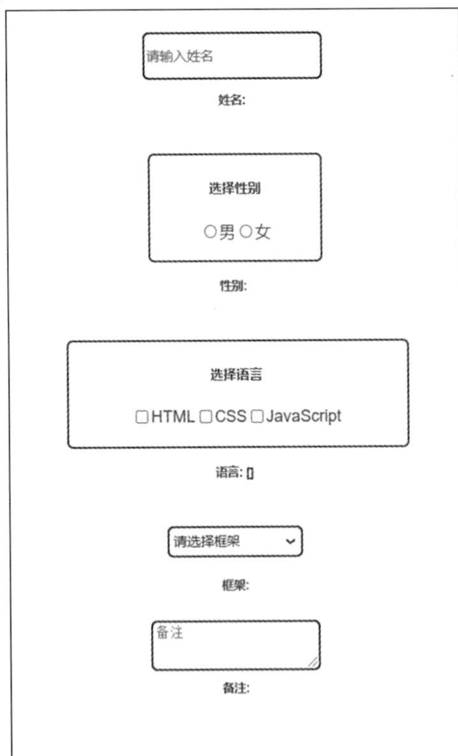

(a) 采集前

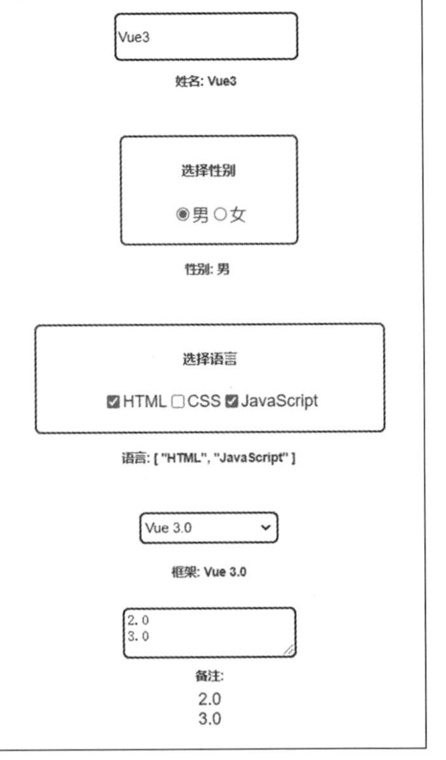

(b) 采集后

图 3-8 问卷采集前后的效果

可以看到，当每次在表单控件中输入信息时，数据会实时地显示在页面中，而不需要对页面进行刷新操作。打开 Vue Devtools，可以看到具体的数据内容以及对应的类型，每次对问卷中信息的修改也会直接反映在数据上，如图 3-9 所示。

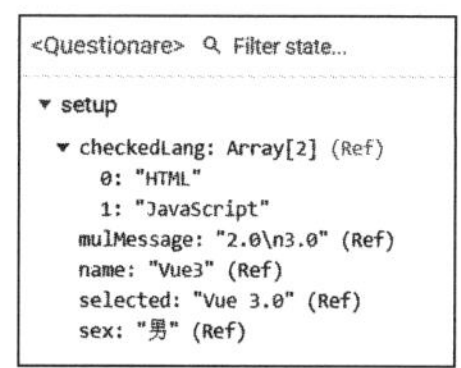

图 3-9　在 Vue Devtools 中查看问卷数据

3.5　v-if/v-show 条件渲染

类似于其他程序中的条件语句 if、else、else if，Vue 的条件指令同样可以根据表达式的值，在 DOM 中渲染或销毁元素与组件，称为条件渲染。

3.5.1　v-if、v-else-if 与 v-else 指令

v-if 指令用于条件性地渲染一块内容，这块内容只会在指令的表达式返回真值的时候被渲染。

v-else-if 用于充当 v-if 的“else-if 块”，要紧跟 v-if。当 v-if 中的表达式返回值为假时，开始判断 v-else-if 的表达式值，并根据返回值真假进行渲染。v-else-if 可以连续使用。

v-else 用来表示 v-if 的“else 块”，要紧跟 v-else-if 或 v-if，当 v-else-if 与 v-if 的表达式值均为假时，渲染 v-else 中的内容。

在例 3-12 中使用了 v-if、v-else-if 与 v-else 进行条件渲染，当 type 的值为'A'时，在页面中显示'A'，为'B'时显示'B'，为'C'时显示'C'，其他情况下显示'Not A/B/C'。

【例 3-12】　根据 type 进行条件渲染

```
<template>
  <div id="app">
    <div v-if="type === 'A'">A</div>
    <div v-else-if="type === 'B'">B</div>
    <div v-else-if="type === 'C'">C</div>
    <div v-else>Not A/B/C</div>
  </div>
</template>

<script>
import { reactive, toRefs } from "vue";
export default {
  setup() {
    const data = reactive({
      type: 'A',
    });

    return {
      ...toRefs(data),
    };
```

```
    },
  };
</script>
```


其中，在进行相等的条件判断时，应该使用===。===是 Ecmascript 的语言，表示严格等于判断，由于 JavaScript 中的==有缺陷，因此在绝大多数情况下，都是使用三个等号的形式。

因为 v-if 是一个指令，所以必须将它添加到一个元素上。因此，如果想要一次判断多个元素，可以把一个 Vue 内置的< template >元素当作不可见的包裹元素，在上面使用 v-if。最终的渲染结果将不包含<template>元素。如例 3-13 所示，Content A、B、C 将会由同一个 v-if 指令决定是否渲染。

【例 3-13】 在 < template >上使用条件渲染

```
<template v-if="true">
  <h1>Content A</h1>
  <h1>Content B</h1>
  <h1>Content C</h1>
</template>
```

3.5.2 v-show 指令

v-show 指令同样可以用于根据条件展示元素，用法与 v-if 基本相同。不同的是带有 v-show 的元素始终会被渲染并保留在 DOM 中，因为 v-show 只是简单地切换元素 CSS 属性的 display。当条件判定为假时，元素的 display 将被赋值为 none；反之，元素的 display 将被设置为原有值。另外，v-show 不支持< template >元素，也不支持 v-else。

3.5.3 v-if 对比 v-show 指令

v-if 和 v-show 指令具有类似的功能，不过 v-if 才是真正的条件渲染，它会根据表达式适当地销毁或重建元素及绑定的事件或子组件。若表达式初始值为 false，则元素或组件开始并不会渲染，只有当条件第一次变为真时才开始编译。

而 v-show 指令只是简单的 CSS 属性切换，无论条件真与否，都会被编译。元素或组件保留在 DOM 中。

根据各自的特性不难发现，v-if 指令更适合条件不经常改变的场景，因为它切换开销相对较大，而 v-show 指令适用于频繁切换条件。

3.5.4 条件渲染实例：按钮权限控制

在实际的网站开发中，往往会遇到需要对用户进行区分的情况，不同的用户也往往拥有不同的权限或功能。此时，通过条件渲染，可以实现对于不同的用户种类渲染出不同页面的效果。

在例 3-14 中，实现了根据用户作为学生、老师、助教不同身份进行不同前端页面显示的效果。代码的运行结果如图 3-10 所示。

【例 3-14】 根据用户身份显示不同前端页面

```
<template>
  <div id="app">
    <h1>User Type:</h1>
    <template v-if="user === 'student'">
      <h2>{{ user }}</h2>
      <br />
      <button @click="joinClass">加入课程</button>
    </template>
    <template v-if="user === 'teacher'">
      <h2>{{ user }}</h2>
      <br />
      <button @click="startClass">开始上课</button>
    </template>
    <template v-if="user === 'teaching assistant'">
      <h2>{{ user }}</h2>
      <br />
      <button @click="manageStudent">管理学生</button>
    </template>
  </div>
</template>

<script>
import { reactive, toRefs } from "vue";
export default {
  setup() {
    const data = reactive({
      user: "teacher",
    });

    const joinClass = () => {
      console.log("Request already sent!");
    };

    const startClass = () => {
      console.log("Class begin!");
    };

    const manageStudent = () => {
      console.log("Checking requests!");
    };

    return {
      ...toRefs(data),
      joinClass,
      startClass,
      manageStudent,
    };
  },
};
</script>
```

(a) 教师身份　　(b) 学生身份　　(c) 助教身份

图 3-10　不同用户身份下的显示与输出

通过修改按钮的方法，可以实现对不同用户进行功能区分的效果。

3.6　v-for 列表渲染

3.6.1　v-for 指令

当需要将一个数组遍历或枚举一个对象循环显示时，就会用到列表渲染指令 v-for 来渲染一个列表。它的表达式需结合 in 来使用，类似 item in items 的形式。其中，items 是源数据数组，而 item 则是被迭代的数组元素的别名，也可以用 of 替代 in 作为分隔符。

v-for 指令也可以像 v-if 一样用在内置标签< template >上渲染多个元素。在自定义组件上同样可以使用 v-for 指令。但是由于组件有自己独立的作用域，数据不会被自动传递到组件中。此时，需要使用 props 把迭代数据传递到组件里。

在 v-for 块中，我们可以访问所有父作用域的属性。v-for 指令还支持一个可选的第二个参数 index，即当前项的索引，索引从 0 开始计数。具体代码如例 3-15 所示，其实现效果如图 3-11 所示。

- Parent - 0 - HTML
- Parent - 1 - JavaScript
- Parent - 2 - CSS

图 3-11　列表渲染

【例 3-15】　用 v-for 指令显示数组中的 message 元素

```
<template>
  <div id="app">
    <li v-for="(item,index) in items">
     {{ parentMessage }} - {{ index }} - {{ item.message }}
    </li>
  </div>
</template>

<script>
import { reactive, toRefs } from "vue";
export default {
  setup() {
    const data = reactive({
      parentMessage: "Parent",
      items: [
        { message: "HTML" },
        { message: "JavaScript" },
        { message: "CSS" },
```

```
    ],
  });

  return {
    ...toRefs(data),
  };
 },
};
</script>
```

3.6.2 在 v-for 里使用对象

使用 v-for 可以遍历一个对象的属性；也可以设置第二个参数为属性的名称，即键名 key；还可以用第三个参数作为索引 index。通过 v-for 遍历对象的代码如例 3-16 所示。对象中存储了一些书籍的属性，通过 index、name 和 value 分别获取属性的索引、名称和值，并在视图中显示。遍历对象属性的结果如图 3-12 所示。

- 0、title: v-for in Vue
- 1、author: SkyGrass
- 2、date: 1993-5-31

图 3-12 遍历对象属性结果

【例 3-16】 用 v-for 遍历对象属性

```
<template>
  <div id="app">
    <li v-for="(value, name, index) in obj">
      {{ index }}、{{ name }}: {{ value }}
    </li>
  </div>
</template>

<script>
import { reactive, toRefs } from "vue";
export default {
  setup() {
    const data = reactive({
      obj: {
        title: "v-for in Vue",
        author: "SkyGrass",
        date: "1993-5-31",
      },
    });

    return {
      ...toRefs(data),
    };
  },
};
</script>
```

3.6.3 列表的更新

Vue 的核心是数据与视图的双向绑定，当修改数组时，Vue 会检测到数据变化，所以用 v-for 指令渲染的视图也会立即更新。Vue 将被侦听数组的变更方法进行了包裹，所以使用它们改变数组会触发视图更新。数组的变更方法如表 3-2 所示。

表 3-2 数组的变更方法

名　　称	说　　明
push()	将一个或多个元素添加至数组末尾，返回新数组的长度
pop()	从数组中删除并返回最后一个元素
shift()	从数组中删除并返回第一个元素
unshift()	将一个或多个元素添加至数组开头，并返回新数组的长度
splice()	从数组中删除元素或向数组添加元素
sort()	对数组元素排序，默认按照 Unicode 编码排序，返回排序后的数组
reverse()	将数组中的元素位置颠倒，返回颠倒后的数组

使用表 3-2 所示的方法会改变被这些方法调用的原始数组，此外还有一些方法不会改变原数组，如 filter()、concat()、slice()，它们返回的是一个新数组。

需要注意的是，当直接使用下标或键名为数组或对象设置成员，以及修改数组长度时，Vue 并不会将其加入数据响应式系统，如 arr['index']='value'、obj ['key']='value'或 arr.length=1。此时即使数据被修改，视图也不会进行更新。

3.6.4 列表渲染的 key

在使用 v-for 指令时，最好为每个迭代元素提供一个值不重复的 key，以便它能跟踪每个节点的身份，从而重用和重新排序现有元素。因为，当列表渲染被重新执行(数组内容发生改变)时，如果不使用 key，Vue 将不会移动 DOM 元素来匹配数据项的顺序，而是就地更新每个元素，并且确保它们在每个索引位置被正确渲染。

通过为每项提供一个唯一的 key，给 Vue 进行提示，Vue 就会根据 key 的变化重新排列节点顺序，并移除 key 不存在的节点。实质上，key 的存在是为 DOM 节点标注了一个身份信息，让 Vue 能够有迹可循地追踪到数据对应的节点。

在实战开发中，是否使用 key 都不会影响功能的实现。建议尽可能在使用 v-for 指令时提供 key，如例 3-17 所示。

【例 3-17】 指定 v-for 的 key

```
<div v-for="item in items" :key="item.id">
  <!-- content -->
</div>
```

3.6.5 v-for 与 v-if 指令共用

在多数情况下，不推荐在同一元素上同时使用 v-if 和 v-for 指令。但当它们处于同一节点时，v-if 指令的优先级比 v-for 指令更高，因此 v-if 指令将没有权限访问 v-for 指令里的变量，可以通过把 v-for 指令移动到外层的< template >标签中来实现相同的效果。

3.6.6 列表渲染实例：帖子列表

学习完列表渲染 v-for 与条件渲染 v-if，可以尝试制作一个帖子列表。帖子带有收藏功能，被收藏的帖子标题将会以红色显示，并带有收藏与取消收藏按钮。

具体代码如例 3-18 所示，代码的运行结果如图 3-13 所示。通过修改 addStar(item)方法的内容，可以实现不同的收藏状态。在此基础上，也可以引申出置顶、删除帖子等许多方式。

【例 3-18】 帖子列表

```
<template>
  <div id="app">
    <div v-for="(item, index) in posts" :key="index" class="post">
      <h1 v-if="item.isStar === true" style="color: red">
        {{ item.title }}
      </h1>
      <h1 v-if="item.isStar === false">
        {{ item.title }}
      </h1>
      <div class="content">
        {{ item.detail }}
      </div>
      <button class="star" v-if="item.isStar === false" @click="addStar(item)">
        收藏
      </button>
      <button class="star" v-if="item.isStar === true" @click="addStar(item)">
        取消收藏
      </button>
    </div>
  </div>
</template>

<script>
import { reactive, toRefs } from "vue";
export default {
  setup() {
    const data = reactive({
      posts: [
        { title: "HTML", detail: "Something about HTML.", isStar: false },
        {
          title: "JavaScript",
          detail: "Something about JavaScript.",
          isStar: true,
        },
```

```
            { title: "CSS", detail: "Something about CSS.", isStar: false },
          ],
        });

        const addStar = (item) => {
          //do something
        };

        return {
          ...toRefs(data),
          addStar,
        };
      },
    };
    </script>
```

图 3-13　帖子列表的显示

3.7　v-on 事件绑定

3.7.1　v-on 指令

v-on 指令用于监听 DOM 事件,并在触发事件时执行一些 JavaScript,通常缩写为@符号。直接把 JavaScript 代码写在 v-on 指令中是一种方式。但是许多事件的处理过程十分复杂,因此 v-on 还可以接收一个需要调用的方法名称。用法为 v-on:click="methodName" 或使用快捷方式@click="methodName"。

不难发现,事件绑定已经在之前的例子中出现过很多次。按钮的单击事件@click 即等同于 v-on:click。除了单击事件,v-on 指令后面还可以接其他 HTML 的标准事件,如表 3-3 所示。

表 3-3 部分 HTML 的标准事件

事　件	说　明
click	单击
dblclick	双击
contextmenu	右击
mouseover	指针移到有事件监听的元素或其子元素内
mouseout	指针移出元素，或者移到其子元素上
keydown	键盘动作：按下任意键
keyup	键盘动作：释放任意键

3.7.2 事件修饰符

Vue 为 v-on 指令提供了事件修饰符，修饰符是由点开头的指令后缀来表示的。使用多个修饰符时，顺序很重要。常见的事件修饰符见表 3-4。

表 3-4 常见的事件修饰符

名　称	可用事件	说　明
.stop	任意	当事件触发时，阻止事件冒泡
.prevent	任意	当事件触发时，阻止元素默认行为
.capture	任意	当事件触发时，阻止事件捕获
.self 自身	任意	限制事件仅作用于节点自身
.once	任意	事件被触发一次后即解除监听
.passlve	滚动	移动端，限制事件永不调用 preventDefault()方法

Vue 允许为 v-on 或者@在监听键盘事件时添加按键修饰符，用于检查详细的按键。使用方法为@keyup.enter="methodName"。以下是全部的别名：

(1) .enter；

(2) .tab；

(3) .delete("删除"和"退格")；

(4) .esc；

(5) .space；

(6) .up；

(7) .down；

(8) .left；

(9) .right。

除了键盘按键之外，Vue 也为鼠标按键配置了修饰符，包括.left、.right 与.middle。

当需要按住多键或者鼠标与键盘共用以实现操作时，可以使用组合修饰符，需要配合系统按键修饰使用，包括.ctrl、.alt、.shift 与.meta。在 macOS 系统键盘上，meta 对应 command 键；在 Windows 系统键盘上，meta 对应 Window 键。

3.8 指令在 Vue 3.x 中的变化

3.8.1 v-if 与 v-for 的 key

v-if/v-else/v-else-if 的各分支项 key 属性不再是必需的，因为即使没有为条件分支提供 key，Vue 3.x 也会自动生成唯一的 key。因此，不建议在 v-if/v-else/v-else-if 的分支中继续使用 key 属性。如果主动提供 key，那么每个分支必须使用唯一的 key。故意使用相同的 key 也无法强制重用分支。

在 Vue 3.x 中，< template v-for >的 key 应该设置在< template >标签上，而不是设置在它的子节点上。在 Vue 2.x 中，由于< template >标签不能拥有 key，可以为其每个子节点分别设置 key。同样，当使用< template v-for >时存在使用 v-if 的子节点，key 应改为设置在< template >标签上。

3.8.2 v-if 与 v-for 的优先级

在 Vue 2.x 版本中，在一个元素上同时使用 v-if 和 v-for 时，v-for 会优先作用。在 Vue 3.x 版本中，v-if 拥有比 v-for 更高的优先级。

由于语法上存在歧义，建议避免在同一元素上同时使用两者。具体可以参考 3.6.1 节中提到的方法。

3.8.3 v-bind 合并行为

在元素上动态绑定 attribute 时，在一个元素中同时使用 v-bind="object"语法和单独的 property 是一种常用的做法。这就涉及了合并的优先级的问题。

在 Vue 2.x 中，如果一个元素同时定义了 v-bind="object"和一个相同的单独的 property，那么这个单独的 property 总是会覆盖 object 中的绑定。在 Vue 3.x 中，声明绑定的顺序决定了它们如何合并，开发者对自己所希望的合并行为有了更好的控制。

如果希望依赖 v-bind 的覆盖功能，建议确保在单独的 property 之前定义 v-bind 属性。

3.8.4 v-for 中的 ref 数组

在 Vue 2.x 中，v-for 里使用的 ref attribute 会用 ref 数组填充相应的 $refs property。但是，当存在嵌套的 v-for 时，会变得不明确且效率低下。

在 Vue 3.0 中，将不再在 $ref 中自动创建数组。要从单个绑定获取多个 ref，可以将 ref 绑定到一个更灵活的函数上，如例 3-19 所示。

【例 3-19】 ref 绑定到函数

```
<template>
  <div id = "app">
      <div v-for = "item in list" :ref = "setItemRef"></div>
  </div>
</template>
```

```
<script>
import { ref, onBeforeUpdate, onUpdated } from 'vue'

export default {
  setup() {
    let itemRefs = []
    const setItemRef = el => {
      itemRefs.push(el)
    }
    onBeforeUpdate(() => {
      itemRefs = []
    })
    onUpdated(() => {
      console.log(itemRefs)
    })
    return {
      itemRefs,
      setItemRef
    }
  }
}
</script>
```

值得注意的是，itemRefs 不必是数组，它也可以是一个对象，其 ref 会通过迭代的 key 被设置。itemRefs 也可以是响应式的且被监听。

3.8.5 v-model

在用于自定义组件时，v-model 的 prop 和事件默认名称已更改。prop 从 value 变更为 modelValue，event 从 inpu 变更为 update：modelValue。v-bind 的. sync 修饰符和组件的 model 选项已移除，用 v-model 作为代替。可以在同一个组件上使用多个 v-model 进行双向绑定。

除了像. trim 这样的 Vue 2. x 硬编码的 v-model 修饰符外，Vue 3. 0 还支持自定义 v-model 修饰符。

迁移时，可以将所有使用. sync 的部分替换为 v-model。对于所有不带参数的 v-model，确保分别将 prop 和 event 命名更改为 modelValue 和 update:modelValue。

更多关于 v-model 与组件的更新将会在第 7 章进行说明。

3.9 本章小结

本章介绍了插值绑定、计算属性、属性绑定、双向绑定、条件渲染、列表渲染、事件绑定以及 Vue 的内置指令从 Vue 2. x 到 Vue 3. x 的变化。

文本插值最基本的方法是使用双大括号（Mustache 语法）"{{ }}"，Vue 会将大括号里的内容替换为表达式值，以文本的形式将其展示出来。表达式可由 JavaScript 表达式和过滤器构成。通过任何方法修改数据设定值，大括号的内容都会被实时替换。Vue 支持在

“{{ }}”插值的尾部添加过滤器,用管道符“|”表示。

计算属性会在其依赖属性的值发生变化时,对属性的值进行自动更新,同时更新相关的DOM部分。通过从Vue中导入computed来使用计算属性。侦听属性watch用来监视指定数据项的变化,从而触发用户自定的操作。默认情况下,回调仅在侦听的数据源发生改变时调用。通过从Vue中导入watch来使用侦听属性。

v-bind指令主要用于动态绑定DOM元素属性,可以将一个或多个attribute,或一个组件prop动态地绑定到表达式。

v-model指令用于在< input >、< textarea >及< select >等表单控件元素上创建双向绑定,它会根据控件类型自动选取正确的方法来更新元素。在修改表单元素值时,对应的实例中的属性值会被同时更新。

Vue根据表达式的值,在DOM中渲染或销毁元素与组件,称为条件渲染。v-if指令用于条件性地渲染一块内容,这块内容只会在指令的表达式返回真值的时候被渲染。当v-if中的表达式返回值为假时,根据v-else-if表达式值的真假进行渲染。当v-else-if与v-if的表达式值均为假时,渲染v-else中的内容。v-show的用法与v-if大致相同。因为v-show只是切换元素CSS属性的display,所以v-show的元素始终会被渲染并保留在DOM中。

使用列表渲染指令v-for可以渲染一个列表,用于遍历一个数组或枚举一个对象循环显示。它的表达式需结合in来使用。

v-on指令用于监听DOM事件,并在触发事件时执行一些JavaScript,通常缩写为@符号。

在指令方面,Vue 3.0的更新集中在v-if与v-for的key、v-if与v-for的优先级、v-bind合并行为、v-for中的ref数组和v-model。

3.10 练 习 题

一、填空题

1. v-show与v-if的区别在于,无论条件真与否,________都会被编译。

2. 可以在Vue中导入________使用侦听属性。

3. 在使用v-for时,最好为每个迭代元素提供一个值不重复的________,以便它能跟踪每个节点的身份。

4. 在展示数据时,往往需要在不变更或重置原始数据的情况下,显示经过过滤或排序的数组。在这种情况下,可以创建一个________属性返回过滤或排序后的数组。

5. 在Vue 3.x版本中,v-if和v-for优先级更高的是________。

二、单选题

1. Vue中格式化文本时应使用(　　)。

A. 文本插值　　B. 过滤器　　C. HTML插值　　D. 计算属性

2. v-model的修饰符中可以删除用户输入的首尾空白字符的是(　　)。

A. .lazy　　B. .number　　C. .tmn　　D. length

3. HTML的标准事件中,代表“按下任意键”的是(　　)。

A. mouseover　　B. keydown　　C. keyup　　D. click

4. 对于值是HTML的片段,可以使用的绑定方法是(　　)。

A. {{{}}}　　B. {{}}　　C. {}　　D. []

5. 列表更新中从数组中删除元素或向数组添加元素的方法是(　　)。

A. push()　　B. shift()　　C. splice()　　D. pop()

三、判断题

1. 在进行相等的条件判断时,应该使用==。(　　)

2. 使用 v-for 可以遍历一个对象的属性,可以用第三个参数作为索引 key。(　　)

3. 直接使用下标或键名为数组或对象设置成员,以及修改数组长度时,即使数据被修改,视图也不会进行更新。(　　)

4. 当处于同一节点时,v-if 的优先级比 v-for 更高。(　　)

5. 当需要绑定一个动态的数据时,可以用 v-model 实现。(　　)

四、问答题

1. v-if 与 v-for 在同一元素上使用时优先级是怎样的?如何避免这种情况?

2. 在文本插值中,如何实现简单的条件判断?

3. 简要说明如何创建仅可读和可读可写的计算属性。

4. 分别说明几种修饰符如何控制 v-model 中数据同步的时机。

5. 列举 v-if 与 v-show 的异同。

6. 解释 v-for 中各参数以及 key 的作用。

7. 列举什么情况下对 v-for 数组与对象的更新不会导致视图的更新。

五、动手做

尝试使用 v-model、v-if 与 v-for 的知识,制作一个简易贴吧。有普通用户和管理员两种角色,普通用户可以发帖、收藏帖子;管理员可以发帖、置顶帖子。

第 4 章 class 与 style 绑定

视频讲解

在实际开发的过程中,DOM 元素经常会动态地绑定一些 class 类名或 style 样式,本章将会对 Vue 3.0 中的绑定 HTML class 与绑定内联样式进行介绍。在将 v-bind 指令用于 class 和 style 时,Vue 做了专门的增强,本章也会展示使用 v-bind 指令来绑定 class 和 style 的多种方法。

4.1 绑定 HTML class

4.1.1 对象语法

通过传给 v-bind:class 一个对象,用于动态地切换 class,可以将 v-bind:class 简写为 :class。Vue 也支持在对象中传入更多字段来动态切换多个 class。:class 指令也可以与普通的 class attribute 同时存在,如例 4-1 所示。

【例 4-1】 动态切换 class

```
<template>
  <div class="app">
    <div
      class="static"
      :class="{ active: isActive, 'text-danger': hasError }"
    ></div>
  </div>
</template>

<script>
import { toRefs,reactive } from "vue";
export default {
  setup() {
    const data = reactive({
      isActive: true,
      hasError: false,
    });
    return {
      ...toRefs(data),
    };
  },
};
</script>
```

上面代码的语法表示 active 这个 class 的存在与否取决于 isActive 的真假，text-danger 的存在与否取决于 hasError 的真假。当 isActive 或者 hasError 变化时，class 的值也将相应地更新。上面代码的渲染结果为

```
<div class="static active"></div>
```

当变量值为 undefined、null、数字 0、空字符串时，会被判定为假。[]、{}、-1、-0.1 会被判定为真。

除了这种形式，也可以直接绑定一个 Object 数据或绑定一个返回对象的计算属性。一般当条件多于两个时，往往会使用计算属性，这是一种很便利和常见的用法，如例 4-2 所示。

【例 4-2】 通过计算属性切换 class

```
<div :class="classObject"></div>

const data = reactive({
      isActive: true,
      hasError: false,
   });

   const classObject = computed(() => {
      return {
        active: data.isActive && !data.error,
        "text-danger": data.error && data.error.type === "fatal",
      };
   });
```

4.1.2 数组语法

与对象语法类似，可以把一个数组传给:class，用来应用一个 class 列表。想根据条件切换列表中的 class，也可以使用三元表达式。当有多个条件 class 时，这样写有些烦琐。所以在数组语法中也可以使用对象语法。在例 4-3 中分别使用了普通数组、三元表达式与对象语法。

【例 4-3】 用普通数组、三元表达式与对象语法切换 class

```
<template>
  <div class="app">
    <div :class="[activeClass, errorClass]"></div>
    <div :class="[{ active: isActive }, hasError ? errorClass : '']"></div>
</template>

<script>
import { toRefs,reactive } from "vue";
export default {
  setup() {
    const data = reactive({
      activeClass: "active",
```

```
            errorClass: "text - danger",
        });
        return {
            ...toRefs(data),
        };
    },
};
</script>
```

上面代码的渲染结果为

```
<div class = "active text - danger"></div>
```

与对象语法一样，数组语法也可以使用 data、computed 和 methods 三种方法。在开发过程中，如果表达式较长或逻辑复杂，应该尽可能优先使用计算属性给元素动态设置类名。

4.2 绑定内联样式

4.2.1 对象语法

使用 v-bind:style 可以给元素绑定内联样式，方法与:class 类似，也有对象语法和数组语法，类似直接在元素上写 CSS，同样可以简写为:style。

:style 的语法十分直观，十分接近 CSS，但其实是一个 JavaScript 对象。其中 CSS property 名可以用驼峰式(camelCase)或短横线分隔(kebab-case)来命名。

由于直接绑定到一个样式对象会让模板更清晰，因此通常使用对象的方式。同样的，对象语法也常常结合返回对象的计算属性使用。

string style
object style

图 4-1　对象绑定样式结果

在例 4-4 中分别使用了两种绑定方式，结果如图 4-1 所示。

【例 4-4】 对象绑定样式

```
<template>
    <div class = "app">
        <div :style = "{ color: activeColor, fontSize: fontSize + 'px' }"> string style </div>
        <div :style = "styleObject"> object style </div>
    </div>
</template>

<script>
import { toRefs, reactive } from "vue";
export default {
    setup() {
        const data = reactive({
            activeColor: "red",
            fontSize: 30,
            styleObject: {
```

```
        color: 'red',
        fontSize: '13px'
      }
      });

      return {
        ...toRefs(data),
      };
    },
  };
</script>
```

4.2.2 数组语法

:style 的数组语法可以将多个样式对象应用到同一个元素上，如下所示：

```
<div :style="[styleA , styleB]"></div>
```

在实际开发中，:style 的数组语法并不常用，因为往往可以写在一个对象里面，这样对代码的理解更为直观。较为常用的是计算属性。

在:style 中使用特殊的 CSS property 时，如 transform，Vue 将自动添加相应的前缀。

4.3 本章小结

本章介绍了 class 与 style 绑定，包括绑定 HTML class 与绑定内联样式，可以分别通过对象语法和数组语法实现对 class 与 style 的动态切换。对象语法与数组语法一样，都可以使用 data、computed 和 methods 三种方法，其中最为常用与便捷的是计算属性。

通过为表达式结果的类型增加对象与数组，避免了将 v-bind 用于 class 和 style 时表达式字符串拼接麻烦且易错的问题。

4.4 练习题

一、填空题

1. :style 的数组语法可以将多个样式对象应用到________。
2. 在:style 中使用特殊的 CSS property 时，如 transform，Vue 将________。
3. :style 的语法十分直观，十分接近 CSS，但其实是一个________。
4. CSS property 名可以用驼峰式(camelCase)或________命名。
5. 想根据条件切换列表中的 class，也可以使用三元表达式。当有多个条件 class 时，这样写有些烦琐，所以在数组语法中也可以使用________。
6. 开发过程中，如果表达式较长或逻辑复杂，应该尽可能优先使用________给元素动态设置类名。
7. 在实际开发中，:style 的数组语法并不常用，因为往往可以写在一个对象里面，这样对代码的理解更为直观，较为常用的是________。

8. 因为 class 和 style 都是属性，所以通过________命令来处理它们。

9. 可以为 style 绑定中的属性提供一个包含多个值的数组，常用于提供________。

二、单选题

1. 通过传给 v-bind:class 一个对象，用于(　　)。

A. 动态地切换 class　　B. 生成一个 class

C. 静态的改变一个 class　　D. 以上都有

2. v-bind:class 支持在对象中传入(　　)来动态切换多个 class。

A. 更多字段　　B. 更少字段　　C. 一串缩进　　D. 以上都不对

3. :class 指令可以与普通的(　　)同时存在。

A. class attribute　　B. single　　C. attribute　　D. 以上都对

4. active 的存在与否取决于(　　)的真假。

A. hasError　　B. isActive　　C. cmuderw　　D. 以上都对

5. .text-danger 的存在与否取决于(　　)的真假。

A. hasError　　B. isActive　　C. cmuderw　　D. 以上都对

6. 当变量值为 undefined、null、数字 0、空字符串时，会被判定为(　　)。

A. 假　　B. 真　　C. 错误　　D. 以上都不对

7. []、{}、−1、−0.1 会被判定为(　　)。

A. 假　　B. 真　　C. 错误　　D. 以上都不对

8. 数组语法与对象语法类似，可以把一个数组传给:class，用来应用一个 class(　　)。

A. 行列　　B. 列表　　C. 字符　　D. 以上都对

9. 与对象语法一样，数组语法也可以使用(　　)方法。

A. data　　B. computed　　C. methods　　D. 以上都对

10. 使用 v-bind:style 可以给元素绑定(　　)。

A. 内联样式　　B. 外联样式　　C. 数组数据　　D. 以上都对

三、判断题

1. 通过为表达式结果的类型增加对象与数组，避免了将 v-bind 用于 class 和 style 时表达式字符串拼接麻烦且易错的问题。(　　)

2. 在实际开发中，:style 的数组语法并不常用，因为往往可以写在一个对象里面，这样对代码的理解更为直观。较为常用的是代换属性。(　　)

3. Vue 提供了一种机制，可以把一个数组传递给 v-bind:class，以应用一个 class 列表。(　　)

4. 当有多个条件 class 时，在数组语法中使用三元表达式难免有点烦琐，所以这个时候可以在数组语法中嵌套对象语法，使代码尽可能的简洁。(　　)

5. 数据绑定一个常见需求是操作元素的 class 列表和它的内联样式。因为它们都是 attribute，所以可以用 v-bind 处理它们。(　　)

6. 可以传给 v-bind:class 一个对象以动态地切换 class，注意 v-bind:class 指令可以与普通的 class 特性共存。(　　)

7. 当 isA 和 isB 变化时，class 列表将相应地更新。例如，如果 isB 变为 true，class 列表

将变为"static class-a class-b"。（ ）

8. 当 v-bind:style 使用需要厂商前缀的 CSS 属性时，如 transform，Vue.js 会自动侦测并添加相应的前缀。（ ）

9. 使用计算属性是一种很少见的用法。（ ）

10. :class 指令不可以与普通的 class attribute 同时存在。（ ）

四、问答题

1. 列举:style 中 CSS property 名的命名方法。

2. 分别说明对象语法中，条件判断结果为真或假的值有哪些情况。

3. 简要说明绑定 class 与 style 使用计算属性的优势有哪些。

五、动手做

1. 设计一个按钮，让它可以根据两种用户身份切换激活与否。

2. 修改第 3 章"动手做"的练习，通过绑定内联样式，让被收藏的帖子标题显示为黄色、置顶帖子的标题显示为红色。

第5章 过 滤 器

视频讲解

从 Vue 3.0 开始,过滤器已删除,不再支持。建议用计算属性或方法代替过滤器,而不是使用过滤器。因此,本章将简单介绍 Vue 原有的内置过滤器,而不对过滤器做过多深入的介绍。

在第 3 章中提到过,Vue 2. x 允许在表达式后面添加可选的过滤器,以管道符“|”表示。事实上,过滤器的本质是一个函数,Vue 2. x 支持在任何出现表达式的地方添加过滤器。过滤器接收管道符前面的值作为初始值,返回值为经过处理后的输出值。同时,过滤器也能接收额外的参数,始终以表达式的值作为第一个参数,其他参数跟在过滤器名称后面,参数之间以空格分隔。多个过滤器也可以进行串联,上一个过滤器的输出结果可以作为下一个过滤器的输入。

5.1 内置过滤器

5.1.1 字母过滤器

Vue 2. x 内置了三种字母过滤器 capitalize、uppercase、lowercase,用于处理英文字符。

(1) capitalize 过滤器用于将表达式中的首字母转换为大写。

(2) uppercase 过滤器用于将表达式中的所有字母转换为大写。

(3) lowercase 过滤器用于将表达式中的所有字母转换为小写。

三种过滤器的用法如例 5-1 所示。

【例 5-1】 字母过滤器的使用

```
{{ 'abcd' | capitalize }}
{{ 'abcd' | uppercase }}
{{ 'ABCD' | lowercase }}
```

上面三行代码将分别输出'Abcd'、'ABCD'和'abcd'。

5.1.2 json 过滤器

Vue 2. x 的 json 过滤器可以将表达式的值转换为 JSON 字符串,输出的结果等于表达式经过 JSON. stringify()处理后的结果。json 过滤器可接收一个类型为 Number 的参数,用于决定转换后的 JSON 字符串的缩进距离,默认的缩进距离为 2。使用方式如例 5-2 所示。

【例 5-2】 json 过滤器的使用

```
{{ student | json 4 }}
```

5.1.3 限制过滤器

Vue 2.x 内置了三个限制过滤器：limitBy、filterBy、orderBy，用于处理并返回过滤后的数组。这三个过滤器所处理的表达式的值必须是数组。

limitBy 过滤器的作用是限制数组为前 N 个元素，通过传入的第一个参数指定 N。第二个参数可选，用于指定开始的偏移量，默认为 0 不偏移。

filterBy 过滤器的第一个参数可以是字符串或者函数。如果第一个参数是字符串，那么将在每个数组元素中搜索它，返回包含该字符串的元素组成的数组。如果 filterBy 的第一个参数是函数，则过滤器将根据函数的返回结果进行过滤。此时 filterBy 过滤器将调用 JavaScript 组中内置的函数 filter 对数组进行处理，待过滤数组中的每个元素都作为参数输入并传入 filterBy 中的函数，只有函数返回结果为 true 的数组元素才符合条件并将其存入一个新的数组，最终 filterBy 的返回结果即为这个新的数组。

在对象中，过滤器将在所有属性中搜索。可以通过指定搜索字段的方式缩小搜索范围。在多个字段中搜索时，字段与字段之间通过空格分隔，或者将搜索字段存放在一个数组中，如例 5-3 所示。

【例 5-3】 limitBy 与 filterBy 过滤器的使用

```
<div v-for="item in items | limitBy 10 5"
></div>
<div v-for="student in students | filterBy 'sky' in 'name' 'nickname'" ></div>
```

此外，还可以使用动态参数作为搜索目标或搜索字段，结合 v-model 实现输入提示效果。通过将输入值作为检索字段实现输入提示，如例 5-4 所示。

【例 5-4】 动态提示

```
<template>
  <div class="app">
      <input v-model="input" />
      <li v-for="user in users | filterBy input in 'name'">
        {{ user.name }}
      </li>
  </div>
</template>

<script>
import { reactive, toRefs } from "vue";
export default {
  setup() {
    const data = reactive({
      input: "",
      users: [{ name: "SKY" }, { name: "GRASS" }, { name: "NANA" }],
```

```
    });

    return {
      ...toRefs(data),
    };
  },
};
</script>
```

orderBy 过滤器的作用是返回排序后的数组。第一个参数可以是字符串、数组或者函数；第二个参数 order 可选，order<0 为降序，其他为升序，默认为升序排列。

若输入参数为字符串，则可同时传入多个字符串作为排序键，字符串之间以空格分隔，或者存入一个数组中。此时将按照传入键名的顺序或数组的顺序进行排序，如例 5-5 所示。

【例 5-5】 orderBy 过滤器的使用

```
<li v-for=" user in users | orderBy 'lastName ''firstName ''age '"></li>
<li v-for=" user in users | orderBy sortList"></li>
```

5.1.4 currency 过滤器

currency 过滤器的作用是将数字转换为货币形式输出。第一个参数为 String 类型的货币符号，默认为美元符号 $；第二个参数为 Number 类型，表示保留的小数位，默认为 2，如例 5-6 所示。

【例 5-6】 currency 过滤器的使用

```
<div>{{ amount | currency}}</div>
<div>{{ amount | currency '¥ '}}</div>
<div>{{ amount | currency '$ '3}}</div>
```

当 amount 为 12345 时，上面的代码将分别显示 $12，345. 00、¥12，345. 00 和 $12,345.000。

5.1.5 debounce 过滤器

debounce 过滤器的作用是延迟执行时间。接收的表达式的值必须为函数，一般与 v-on 等指令结合使用。debounce 接收一个可选的参数作为延迟时间，单位为 ms，默认为 300ms。经过 debounce 包装的处理器在调用之后将至少延迟设定的时间再执行。如果在延迟结束前再次调用，则延迟时长将重置为设定的时间。使用方法如例 5-7 所示，实现对了按键事件处理的延迟。

【例 5-7】 debounce 过滤器的使用

```
< input @keyup = "onKeyup | debounce 500">
```

5.2 本章小结

本章介绍了 Vue 原有的内置过滤器：字母过滤器、json 过滤器、限制过滤器、currency 过滤器和 debounce 过滤器。它们在处理表达式时很便利，但是这种方式打破了大括号内表达式“只是 JavaScript”的原则。因此从 Vue 3.0 开始，建议用计算属性或方法替换过滤器。

5.3 练 习 题

一、填空题

1. <div>{{ amount | currency '$' 3}}</div>代码显示的结果是________。

2. debounce 过滤器的作用是________。

3. Vue 2.x 内置的三个限制过滤器是________、________、________。

4. currency 过滤器的作用是________。

5. Vue 2.x 内置的三个过滤器 capitalize、uppercase、lowercase 用于处理________。

二、单选题

1. ({{'bcd' | capitalize }} 、{{'abcd' | uppercase }}、{{'ABCD' | lowercase }}三个字母过滤器的结果是(　　)。

A. 'Abcd'、'ABCD'、'abcd'　　B. 'Abcd'、'ABCD'、'aBCD'

C. 'ABCD'、'Abcd'、'abcd'　　D. 以上都不对

2. {{ student | json }}的结果是(　　)。

A. "student"　　B. 'student'　　C. {student}　　D. '{student}'

3. 经过 debounce 过滤器包装的处理器在调用之后将至少延迟设定的时间再执行。如果在延迟结束前再次调用，则(　　)。

A. 立即执行

B. 将在上次延长结束后再延长第二次设定的时间

C. 在上次延长结束后立即执行

D. 延迟时长将重置为设定的时间

4. Vue 2.x 内置的三个限制过滤器处理的表达式的值是(　　)。

A. 数组　　B. 函数　　C. 数组和函数　　D. 以上都不是

5. 下列(　　)过滤器可以返回排序后的数组。

A. limitBy　　B. filterBy　　C. orderBy　　D. debounce

三、判断题

1. Vue 2.x 的内置过滤器不可以进行串联，上一个过滤器的输出结果不可以作为下一个过滤器的输入。(　　)

2. orderBy 过滤器的作用是返回排序后的数组，因此其第一个参数只能传入数组。(　　)

3. debounce 过滤器接收的表达式的值必须为函数。(　　)

4. limitBy 过滤器的作用是限制数组为前 N 个元素，第一个参数用于指定开始的偏移量，第二个参数指定 N。(　　)

5. 当 filterBy 的第一个参数是函数时，最终 filterBy 的返回结果是函数返回结果为 true 的数组元素合并组成的新数组。 ( )

四、问答题

1. 说明三种字母过滤器的作用。

2. 如何使用限制过滤器限制数组为第 3 个元素开始的 10 个元素？

3. currency 过滤器的第一个参数采取默认形式，想要修改第二个参数（也就是小数位）时，该如何表示？

五、动手做

1. 使用计算属性，实现三种字母过滤器的效果。

2. 使用计算属性，在第 3 章“动手做”制作的贴吧的所有帖子标题与内容中搜索包含 sky 的部分，并返回包含 sky 的元素组成的数组。

第6章 过渡与动画

过渡效果在用户与网站交互的过程中提供了很好的体验。前面介绍的 class 和 style 声明就可以应用于动画和过渡，用于简单的用例。除此之外，Vue 还内置了一套过渡系统用于帮助处理过渡和动画，可以在元素从 DOM 中插入或移除时触发 CSS 过渡或动画，自动应用过渡效果。Vue 的过渡系统也支持 JavaScript 的过渡，使用钩子函数在过渡过程中执行自定义的 DOM 操作。

视频讲解

6.1 过渡与动画概述

6.1.1 基于 class 的动画和过渡

<transition>组件对于组件的进入和离开非常有用，但也可以通过添加一个条件 class 来激活动画，而无须挂载组件。通过 class 来激活动画的案例如例 6-1 所示。

【例 6-1】 通过 class 激活动画

```
<template>
  <div id="app">
    单击按钮触发动画:<br />

    <div :class="{ shake: noActivated }">
      <button @click="noActivated = true">单击</button>
      <span v-if="noActivated">禁止单击!</span>
    </div>
  </div>
</template>

<script>
import { reactive, toRefs } from "vue";
export default {
  setup() {
    const data = reactive({
      noActivated: false,
    });

    return {
      ...toRefs(data),
    };
```

```
    },
  };
</script>

<style>
body {
  margin: 30px;
}

button {
  background: #d93419;
  border-radius: 4px;
  display: inline-block;
  border: none;
  padding: 0.75rem 1rem;
  margin: 20px 10px 0 0;
  text-decoration: none;
  color: #ffffff;
  font-family: sans-serif;
  font-size: 1rem;
  cursor: pointer;
  text-align: center;
  -webkit-appearance: none;
  -moz-appearance: none;
}

button:focus {
  outline: 1px dashed #fff;
  outline-offset: -3px;
}

.shake {
  animation: shake 0.82s cubic-bezier(0.36, 0.07, 0.19, 0.97) both;
  transform: translate3d(0, 0, 0);
  backface-visibility: hidden;
  perspective: 1000px;
}

@keyframes shake {
  10%,
  90% {
    transform: translate3d(-1px, 0, 0);
  }

  20%,
  80% {
    transform: translate3d(2px, 0, 0);
  }
```

```
    30 %,
    50 %,
    70 % {
      transform: translate3d(-4px, 0, 0);
    }

    40 %,
    60 % {
      transform: translate3d(4px, 0, 0);
    }
  }
</style>
```

单击按钮前后的效果如图 6-1 所示。通过单击按钮会触发事件，将 noActived 属性的值修改为 true，此时 class 的 shake 属性被激活，触发在< style >或 CSS 文件中的 shake 样式，展现出动画效果。同时 v-if 条件渲染的判断为真，在视图中渲染出“禁止单击!”的字样。

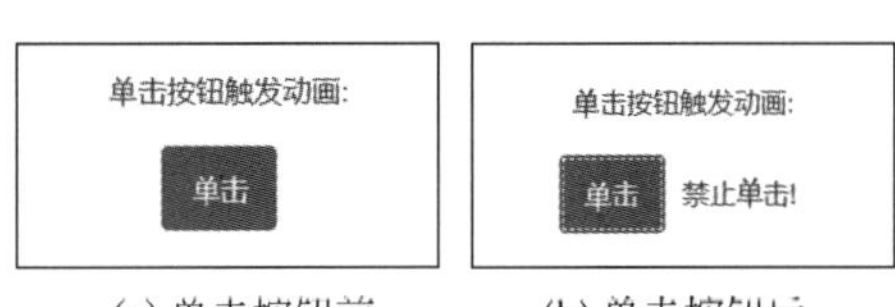

(a) 单击按钮前　　(b) 单击按钮后

图 6-1　单击按钮前后的动画效果

6.1.2　基于 style 的动画和过渡

一些过渡效果可以通过插值的方式来实现，这会导致在发生交互时将样式绑定到元素上。使用插值来创建动画的案例如例 6-2 所示。

【例 6-2】 使用插值创建动画

```
<template>
  <div id="app">
    <div
      @mousemove="xCoordinate"
      :style="{ backgroundColor: 'hsl(${x}, 80%, 50%)' }"
      class="movearea"
    >
      <h3>在组件中左右移动光标</h3>
      <p>x: {{ x }}</p>
    </div>
  </div>
</template>

<script>
import { reactive, toRefs } from "vue";
export default {
  setup() {
    const data = reactive({
```

```
      x: 0,
    });

    const xCoordinate = (e) => {
      data.x = e.offsetX;
    };

    return {
      ...toRefs(data),
      xCoordinate,
    };
  },
};
</script>

<style>
.movearea {
  transition: 0.2s background-color ease;
  height: 100px;
  width: 40%;
  position: absolute;
  left: 30%;
  color: orange;
}
</style>
```

在这个例子中使用了插值来创建动画，并且将动画的触发条件添加到了光标的移动过程上。同时将CSS过渡属性应用在元素上，让元素知道在更新时要使用什么过渡效果。在图6-2中展示了光标在块中左右移动时，<div>的背景颜色会随着x坐标不断变化。在JavaScript中，使用了event.offsetX来获取光标在<div>中的x坐标值，并将x的变化通过hsl映射到背景颜色的变化上。

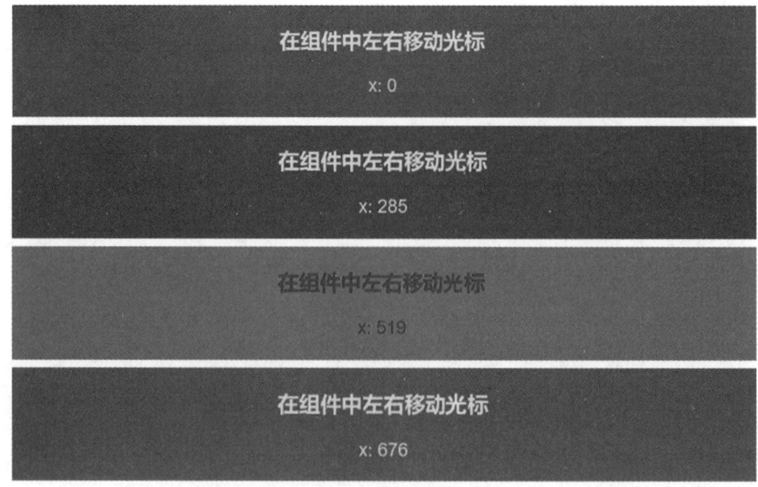

图6-2　不同光标位置时的效果

6.2 单元素的过渡

6.2.1 进入与离开过渡

Vue 提供了 transition 的封装组件，在使用包括条件渲染（v-if）、条件展示（v-show）、动态组件与组件根节点时，可以给任何元素和组件添加过渡的进入和离开。过渡动画的触发时机包括元素或组件初始渲染时、元素或组件显示或隐藏时（包括条件渲染时）、元素或组件切换时。在例 6-3 中，展示了在条件渲染情况下，元素渐进渐出的过渡。

【例 6-3】 渐进渐出的过渡

```
<template>
  <div id="app">
    <button @click="show = !show">切换</button>

    <transition name="fade">
      <p v-if="show">Hello</p>
    </transition>
  </div>
</template>

<script>
import { reactive, toRefs } from "vue";
export default {
  setup() {
    const data = reactive({
      show: true,
    });

    return {
      ...toRefs(data),
    };
  },
};
</script>

<style>
.fade-enter-active,
.fade-leave-active {
  transition: opacity 0.5s ease;
}

.fade-enter-from,
.fade-leave-to {
  opacity: 0;
}
</style>
```

每当单击按钮时会切换一次 Hello 的显示或隐藏。在 0.5s 的持续时间内，对 Hello 的透明度进行改变，以实现渐进渐出的效果。

当插入或删除包含在 transition 组件中的元素时，Vue 将会自动判断目标元素是否应用了 CSS 过渡动画，并在恰当的时机添加或删除带有过渡动画的 CSS 类名。另外，如果过渡组件提供了 JavaScript 钩子函数，钩子函数也将在恰当的时机被调用。如果没有找到 JavaScript 钩子函数，并且也没有检测到 CSS 过渡动画，则会在浏览器逐帧动画机制的下一帧中立即执行插入或删除的 DOM 操作。

在例 6-3 中，使用了.fade-enter-from 与.fade-leave-to 等类名，这些类名用于定义不同过渡阶段的样式。在进入或离开的过渡中，共有 6 个 class 可以切换。其中，在原来 Vue 2.x 中的转换类名 *-enter 与 *-leave 在 Vue 3.0 中被重命名为了 *-enter-from 与 *-leave-from。

*-enter-from 定义进入过渡的开始状态，在元素被插入之前生效，在元素被插入之后的下一帧移除。

*-enter-active 定义进入过渡生效时的状态。在整个进入过渡的阶段中应用，在元素被插入之前生效，在过渡动画完成之后移除。这个类可以被用来定义进入过渡的过程时间、延迟和曲线函数。

*-enter-to 定义进入过渡的结束状态。在元素被插入之后的下一帧生效，即 *-enter-from 被移除的同时，在过渡动画完成之后移除。

*-leave-from 定义离开过渡的开始状态。在离开过渡被触发时立刻生效，下一帧被移除。

*-leave-active 定义离开过渡生效时的状态。在整个离开过渡的阶段中应用，在离开过渡被触发时立刻生效，在过渡动画完成之后移除。这个类可以被用来定义离开过渡的过程时间、延迟和曲线函数。

*-leave-to 定义离开过渡的结束状态。在离开过渡被触发之后的下一帧生效，即 *-leave-from 被删除的同时，在过渡动画完成之后移除。

如果使用一个没有名字的< transition >，则 v-是这些类名的默认前缀；如果使用了< transition name="my-transition">，那么 *-enter-from 会替换为 my-transition-enter-from。

6.2.2 CSS 过渡与动画

常用的过渡都是使用 CSS 过渡。除了直接在元素上添加 transition="name" 外，Vue 也支持动态绑定 CSS 名称，便于元素根据场景使用多个过渡效果。如例 6-4 所示，在 data 中指定 transitionName 的值后就可以实现动态绑定。

【例 6-4】 动态绑定过渡 CSS 名称

```
<div v-if="show" :transition="transitionName"></div>
```

CSS 动画用法类似 CSS 过渡，区别是在动画中，*-enter-from 类名在节点插入 DOM 后不会立即删除，而是在 animationend 事件触发时删除。在例 6-5 中展示了使用 CSS 动画制作弹跳显示效果。

【例 6-5】 弹跳显示效果

```
<template>
  <div id="app">
    <button @click="show = !show">切换</button>
    <transition name="bounce">
      <p v-if="show">弹跳显示</p>
    </transition>
  </div>
</template>

<script>
import { reactive, toRefs } from "vue";
export default {
  setup() {
    const data = reactive({
      show: true,
    });

    return {
      ...toRefs(data),
    };
  },
};
</script>

<style>
.bounce-enter-active {
  animation: bounce-in 0.5s;
}
.bounce-leave-active {
  animation: bounce-in 0.5s reverse;
}
@keyframes bounce-in {
  0% {
    transform: scale(0);
  }
  50% {
    transform: scale(1.25);
  }
  100% {
    transform: scale(1);
  }
}
</style>
```

当单击切换按钮后，会首先放大再缩小“弹跳显示”的字样，直至消失。再次单击时，会反向完成之前的操作，实现弹跳显示的动画效果。

6.2.3 自定义过渡 class 类名

在过渡的 JavaScript 中，可以通过 enter-from-class、enter-active-class、enter-to-class、leave-from-class、leave-active-class、leave-to-class 这几个 attribute 来自定义 CSS 过渡类名。他们的优先级高于普通的类名，会覆盖默认的类名。这样的方式有利于结合使用 Vue 的过渡系统和其他第三方 CSS 动画库。例如，Animate.css 是 Vue 官方推荐的 CSS 动画库，通过引入 Animate.css 的 CSS 文件就可以使用提供的预设动画。配合自定义过渡类名，可以达到非常不错的效果。

6.2.4 JavaScript 过渡

类似 CSS，同样可以在 attribute 中声明 JavaScript 钩子。只使用 JavaScript 过渡时，不需要定义任何 CSS 样式，但 enter 和 leave 钩子需要调用 done 函数，用来明确过渡的结束时间，否则它们将被同步调用，导致过渡立即结束。推荐在只使用 JavaScript 钩子时，显式声明 css：false，此时 Vue 将跳过 CSS 检测，除了性能略高之外，还可以避免 CSS 规则干扰过渡。JavaScript 钩子的使用如例 6-6 所示。

【例 6-6】 使用 JavaScript 钩子

```html
<transition
  @before-enter="beforeEnter"
  @enter="enter"
  @after-enter="afterEnter"
  @enter-cancelled="enterCancelled"
  @before-leave="beforeLeave"
  @leave="leave"
  @after-leave="afterLeave"
  @leave-cancelled="leaveCancelled"
  :css="false"
>
</transition>
```

```javascript
beforeEnter(el) {
  },
  enter(el, done) {
    done()
  },
  afterEnter(el) {
  },
  enterCancelled(el) {
  },

  beforeLeave(el) {
  },
  leave(el, done) {
    done()
```

```
    },
    afterLeave(el) {
    },
    // leaveCancelled 只用于 v-show 中
    leaveCancelled(el) {
    }
```

6.3 其他过渡

6.3.1 多元素过渡

最常见的使用多标签过渡的方法是通过一个列表和描述这个列表为空消息的元素，如例 6-7 所示。

【例 6-7】 多标签过渡

```
<transition>
  <table v-if="items.length > 0">
    <!-- ... -->
  </table>
  <p v-else>没有元素</p>
</transition>
```

除此之外，如果使用多个 v-if 或将单个元素绑定到一个动态 property，也可以实现任意个元素之间的过渡，如例 6-8 所示。

【例 6-8】 多 v-if 与动态 property 绑定

```
                                                                HTML
<transition>
  <button v-if="status === 'up'" key="up">
    上升
  </button>
  <button v-if=" status === 'down'" key="down">
    下降
  </button>
  <button v-if=" status === 'stay'" key="stay">
    悬停
  </button>
</transition>

//另一种写法
                                                                HTML
<transition>
  <button :key="status">
    {{ buttonMessage }}
  </button>
</transition>
```

```JavaScript
computed: {
  buttonMessage() {
    switch (this.status) {
      case 'up': return '上升'
      case 'down': return '下降'
      case 'stay': return '悬停'
    }
  }
}
```

6.3.2 过渡模式

在例 6-8 中，如果使用 v-if 与 v-else 的条件触发过渡，当判断的数据值发生变化而触发过渡时，两个按钮都会被重绘。< transition >的默认行为会导致当一个按钮离开过渡时另一个按钮才开始进入过渡。

有时这很有效，但这样进入和离开同时生效的过渡不能满足所有要求，因此 Vue 提供了过渡模式。使用 in-out 表示新元素先进行过渡，完成之后当前元素过渡离开。out-in 表示当前元素先进行过渡，完成之后新元素过渡进入。使用过渡模式完成按钮平滑切换的实例如例 6-9 所示。

【例 6-9】 使用过渡模式更新按钮

```
<template>
  <div id="app">
    <transition name="mode-fade" mode="out-in">
      <button v-if="on" key="on" @click="on = false">开</button>
      <button v-else key="off" @click="on = true">关</button>
    </transition>
  </div>
</template>

<script>
import { reactive, toRefs } from "vue";
export default {
  setup() {
    const data = reactive({
      on: false,
    });

    return {
      ...toRefs(data),
    };
  },
};
</script>

<style>
```

```
body {
  margin: 30px;
}

#demo {
  position: relative;
}

button {
  position: absolute;
}

.mode-fade-enter-active,
.mode-fade-leave-active {
  transition: opacity 0.5s ease;
}

.mode-fade-enter-from,
.mode-fade-leave-to {
  opacity: 0;
}

button {
  background: #05ae7f;
  border-radius: 4px;
  display: inline-block;
  border: none;
  padding: 0.75rem 1rem;
  text-decoration: none;
  color: #ffffff;
  font-family: sans-serif;
  font-size: 1rem;
  cursor: pointer;
  text-align: center;
  -webkit-appearance: none;
  -moz-appearance: none;
}
</style>
```

通过给按钮添加一个 mode 的 attribute 就可以修改原来的过渡，而不必添加其他 style，这十分有助于 UI 的微交互。

6.3.3 列表过渡

在上一节已经介绍了通过 v-if 与 v-show 实现单元素的过渡，以及同一时间渲染多个节点中的一个，但是并没有提到使用 v-for 同时为列表元素添加过渡效果。事实上，< transition >与 v-for 并不兼容。在这种情况下，Vue 提供了< transition-group >用以实现列表过渡。

与< transition >不同的是，< transition-group >会以一个真实元素渲染，默认为< span >，可以通过 tag 属性更换为其他元素。同时，过渡模式并不可用，内部元素必须提供唯一的 key attribute 值。此外,CSS 过渡的类将会应用在内部的元素中,而不是这个组本身。

在例 6-10 中,使用< transition-group >实现了列表过渡,单击添加或移除按钮会在随机位置随机添加或删除一个数组元素。代码运行的效果如图 6-3 所示。

【例 6-10】 列表过渡

```
<template>
  <div id="app">
    <button @click="add">添加</button>
    <button @click="remove">移除</button>
    <transition-group name="list" tag="p">
      <span v-for="item in items" :key="item" class="list-item">
        {{ item }}
      </span>
    </transition-group>
  </div>
</template>

<script>
import { reactive, toRefs } from "vue";
export default {
  setup() {
    const data = reactive({
      items: [1, 2, 3, 4, 5, 6, 7, 8, 9],
      nextNum: 10,
    });

    const randomIndex = () => {
      return Math.floor(Math.random() * data.items.length);
    };

    const add = () => {
      data.items.splice(randomIndex(), 0, data.nextNum++);
    };

    const remove = () => {
      data.items.splice(randomIndex(), 1);
    };

    return {
      ...toRefs(data),
      randomIndex,
      add,
      remove,
    };
  },
};
</script>

<style>
```

```
.list-item {
  display: inline-block;
  margin-right: 10px;
}
.list-enter-active,
.list-leave-active {
  transition: all 1s ease;
}
.list-enter-from,
.list-leave-to {
  opacity: 0;
  transform: translateY(30px);
}
button {
  background: #05ae7f;
  border-radius: 4px;
  border: none;
  padding: 0.75rem 1rem;
  margin: 1rem;
  color: #ffffff;
  font-size: 1rem;
}
</style>
```

图 6-3　列表过渡的显示结果

在图 6-3 中,第一个幅为初始状态,包含元素 1～9;第二幅为在随机位置添加 10、11、12 的结果;第三幅为从随机位置删除 3 个元素的结果。

值得注意的是,由于过渡模式不可用,在添加元素时会表现为首先空出元素的位置,随后元素从下方渐入列表中,而删除时则表现为元素渐出列表后,列表合并空出的位置。因此,看上去添加或删除的元素周围的元素会瞬间移动到新布局的位置,而不是平滑的过渡,为了解决这个问题,就需要引入列表的排序过渡。

除了用于实现进出动画之外,<transition-group>组件还有一个特殊的可以用于改变元素定位的动画。要使用这个新功能需要了解新增的 *-move 特性,它会在元素改变定位的过程中应用,达到平滑地移动列表元素位置的效果。*-move 动画效果的定义方式与 *-enter-from、*-leave-from 等类名一致,可以通过 name 属性来自定义前缀,也可以通过 move-class 属性手动设置。

6.3.4　列表过渡案例:打乱列表

在上一节已经提到了例 6-10 中的过渡不自然问题的解决方法,这里可以尝试制作一个带有添加、删除以及打乱功能的列表，这个列表将会有平滑的渐入渐出效果。具体的代码如例 6-11 所示，效果如图 6-4 至图 6-6 所示。

【例 6-11】 列表的增删与打乱

```
<template>
  <div id="app">
    <button @click="shuffle">打乱</button>
    <button @click="add">添加</button>
    <button @click="remove">移除</button>
    <transition-group name="complete-list" tag="p">
      <span v-for="item in items" :key="item" class="complete-list-item">
        {{ item }}
      </span>
    </transition-group>
  </div>
</template>

<script>
import { reactive, toRefs } from "vue";
import _ from "lodash";
export default {
  setup() {
    const data = reactive({
      items: [1, 2, 3, 4, 5, 6, 7, 8, 9],
      nextNum: 10,
    });

    const randomIndex = () => {
      return Math.floor(Math.random() * data.items.length);
    };

    const add = () => {
      data.items.splice(randomIndex(), 0, data.nextNum++);
    };

    const remove = () => {
      data.items.splice(randomIndex(), 1);
    };

    const shuffle = () => {
      data.items = _.shuffle(data.items);
    };

    return {
      ...toRefs(data),
      randomIndex,
      add,
      remove,
      shuffle,
```

```
    };
  },
};
</script>

<style>
body {
  margin: 30px;
}

.complete-list-item {
  transition: all 0.8s ease;
  display: inline-block;
  margin-right: 10px;
}

.complete-list-enter-from,
.complete-list-leave-to {
  opacity: 0;
  transform: translateY(30px);
}

.complete-list-leave-active {
  position: absolute;
}

button {
  background: #05ae7f;
  border-radius: 4px;
  border: none;
  padding: 0.75rem 1rem;
  margin: 1rem;
  color: #ffffff;
  font-size: 1rem;
}
</style>
```

图 6-4　列表的初始状态

图 6-4 至图 6-6 分别展示了列表的初始状态、列表在随机位置增加 3 个元素、列表在随机位置删除 3 个元素以及打乱列表顺序的状态，过渡动画都达到了渐入渐出的效果。值得注意的是，此处引入了 lodash 工具库，用于对列表进行打乱操作。可以通过以下的代码安装 lodash 库：

(a) 初始状态乱序增加3个元素　　(b) 增加后随机删除3个元素

图 6-5　列表的增删 3 个元素

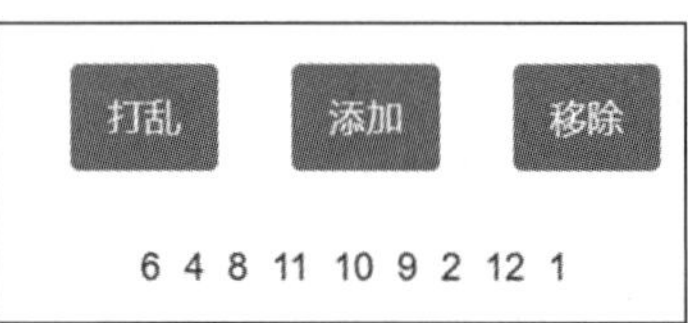

(a) 打乱列表过程中的过渡效果　　(b) 打乱后的效果

图 6-6　列表的打乱

```
npm install -- save lodash
npm install -- save - dev babel - plugin - lodash
```

6.4 本章小结

本章介绍了过渡效果，它在用户与网站交互的过程中提供了很好的体验。Vue 内置的过渡系统可以自动处理过渡和动画，支持 CSS 过渡和 JavaScript 过渡。

<transition>组件常用于过渡中，可以通过添加一个条件 class 来激活动画，而无须挂载组件。插值同样也可以应用于过渡动画。通过转换类名、CSS 动态绑定、条件渲染等可以控制过渡的进入和离开。使用<transition-group>可以实现列表过渡的效果。

6.5 练习题

一、填空题

1. Vue 内置了一套过渡系统，用于帮助处理过渡和动画，可以在元素从 DOM 中________时触发 CSS 过渡或动画，自动应用过渡效果。

2. ________组件对于组件的进入和离开非常有用，但也可以通过添加一个条件 class 来激活动画，而无须挂载组件。

3. 只使用 JavaScript 过渡时，不需要定义任何 CSS 样式，但 enter 和 leave 钩子需要调用________函数，用来明确过渡的结束时间，否则它们将被同步调用，导致过渡立即结束。

4. <transition>的默认行为会导致________时，另一个按钮才开始进入过渡。

5. <transition-group>会以一个真实元素渲染，默认为________，可以通过 tag 属性更换为其他元素。

二、单选题

1. (　　)定义进入过渡生效时的状态。在整个进入过渡的阶段中应用，在元素被插入之前生效,在过渡动画完成之后移除。

A. *-enter-active　B. *-enter-to　C. *-enter-from　D. *-leave-to

2. <transition>与(　　)并不兼容。

A. v-if　B. v-show　C. v-for　D. v-of

3. <transition-group>组件还有一个特殊的可以用于改变元素定位的动画。要使用这个新功能需要了解新增的(　　)特性。

A. *-leave-from　B. *-move　C. *-enter-from　D. *-enter-to

4. 以下选项不是 Vue 3 中默认的命名的是(　　)。

A. *-enter-from　B. *-enter-active　C. *-enter-to　D. *-enter-fade

5. 如果使用一个没有名字的<transition>,则(　　)是这些类名的默认前缀。

A. v-　B. f-　C. c-　D. y-

三、判断题

1. Vue 不支持动态绑定 CSS 名称。(　　)

2. *-enter-from 定义进入过渡的开始状态,在元素被插入之前生效,在元素被插入之后的下一帧移除。(　　)

3. *-leave-from 定义离开过渡生效时的状态。在离开过渡被触发时立刻生效,下一帧被移除。(　　)

4. 在过渡的 JavaScript 中,可以通过 enter-from-class、enter-active-class、enter-to-class、leave-from-class、leave-active-class、leave-to-class 这几个 attribute 来自定义 CSS 过渡类名。他们的优先级低于普通的类名,不会覆盖默认的类名。(　　)

5. 可以在 attribute 中声明 JavaScript 钩子。(　　)

四、问答题

1. 过渡动画的触发时机包括哪些?

2. 简述 6 种转换类名的作用分别是什么。

3. 使用 JavaScript 过渡时,如何避免 CSS 规则干扰?

4. <transition-group>是否可以使用过渡模式?它如何改变元素定位?

五、动手做

为折叠卡片制作过渡动画:单击按钮替换卡片的图片,通过在水平方向上缩放两张图片实现替换时的过渡。

第7章 组　件

视频讲解

组件是 Vue 最核心的功能之一，也是最难掌握的，它支持自定义 tag 和原生 HTML 元素的扩展。组件的核心目标是提高代码的可重用性，减少重复性的开发。在 Webpack 项目中，每个页面文件.vue 都可以认为是一个组件。

本章将介绍与组件有关的内容，并通过几个实例来介绍如何使用 Vue 组件。

7.1 组件的注册

7.1.1 全局注册

Vue 的组件可以预定义很多选项，最核心的是以下几个：模板 template 声明了数据与 DOM 之间的映射关系；初始数据 data 存储了一个组件的初始数据状态；接收的外部参数 props 用于组件间的数据传递和共享，默认是单向绑定，但也可以显式声明为双向绑定；方法 methods 是对数据的改动操作；一个组件可以触发多个生命周期钩子函数 lifecycle hooks，在钩子函数中，可以封装一些自定义的逻辑。

全局注册需要确保在根实例初始化之前注册，这样才能使组件在任意实例中被使用，注册方式如例 7-1 所示。

【例 7-1】 组件的全局注册

```
// 注册一个名为 my-component 的组件
app.component('my-component', {
  /* ... */
})

// 检索注册的组件(始终返回构造函数)
const MyComponent = app.component('my-component', {})
```

组件的全局注册可以传入两个参数，第一个参数是组件的名称，对于组件的命名，W3C 规范是字母全小写且必须包含一个连字符“-”，用于避免和当前以及未来的 HTML 元素相冲突，Vue 不强制要求，但官方建议遵循这个规则；第二个参数是组件的构造函数 definition，可以是 Function，也可以是 Object。如果传入构造函数参数，返回应用实例；如果不传入，返回组件定义。

组件是可复用的，且带有一个名字。它们与 new Vue 接收相同的选项，例如，data、

computed、watch、methods 以及生命周期钩子等。

组件在注册之后，可以在父实例的模块中以自定义元素的形式使用。要确保在初始化根实例之前注册了组件，组件的注册与使用代码如例 7-2 所示。

【例 7-2】 组件的全局注册与使用

```
HTML
<div id="components-demo">
  <my-component></my-component>
</div>
```

```
JavaScript
const app = Vue.createApp({});
app.component("my-component", {
  data() {
    return {
      count: 0,
    };
  },
  template: '
    <button v-on:click="count++">
        You clicked me {{ count }} times.
    </>
   ',
});
app.mount("#components-demo");
```

代码运行的效果如图 7-1(a)所示，单击两次后数字变为 2，如图 7-1(b)所示。渲染后的结果如例 7-3 所示。

You clicked me 0 times.

(a) 代码运行后的效果

You clicked me 2 times.

(b) 数字为2后的效果

图 7-1　按钮组件的效果

【例 7-3】 渲染后的结果

```
<div id="components-demo">
   <button v-on:click="count++">
        You clicked me {{ count }} times.
    </>
</div>
```

7.1.2　局部注册

全局注册往往是不够理想的，因为全局注册所有的组件意味着即便已经不再使用一个组件，它仍然会被包含在最终的构建结果中。这造成了用户下载的 JavaScript 的无谓增加。局部注册限定了组件只能在被注册的组件中使用，而无法在其他组件中使用，可以通过一个普通的 JavaScript 对象来定义局部组件。组件中也可以使用 components 选项注册组件，进行组件嵌套。局部组件的注册方式如例 7-4 所示。

【例 7-4】 局部组件的注册

```
JavaScript
const ComponentA = {
  /* ... */
}
const ComponentB = {
  /* ... */
}

const app = Vue.createApp({
  components: {
    'component-a': ComponentA,
    'component-b': ComponentB
  }
})

//另一种写法
import ComponentA from './ComponentA.vue'

export default {
  components: {
    ComponentA
  }}
```

对于 components 对象中的每个 property 来说，property 名就是自定义元素的名字，property 值就是组件的选项对象。局部注册的组件在其子组件中不可用。希望 ComponentA 在 ComponentB 中使用的代码如例 7-5 所示。

【例 7-5】 在组件中使用组件

```
JavaScript
const ComponentA = {
}

const ComponentB = {
  components: {
    'component-a': ComponentA
  }}
```

Vue 组件的模板在某些情况下会受到 HTML 限制，例如，<table>内只允许是<tr>、<td>、<th>等表格元素，所以在<table>内直接使用组件是无效的。常见的限制元素还有<ul>、<ol>、<select>。这种情况下，可以使用 is 属性来挂载组件，如例 7-6 所示。tbody 在渲染时会被替换为组件的内容。

【例 7-6】 使用 is 属性挂载组件

```
HTML
<table>
<tbody is="my-component"></tbody>
</table>
```

7.2 组件的数据传递

7.2.1 props 参数

props 是组件中非常重要的一个选项，起到了父子组件间桥梁的作用。

由于组件实例的作用域是独立的，因此子组件无法直接调用父组件的数据，需要通过 props 参数将父组件的数据传递给子组件，子组件显式声明 props 参数以接收数据，子组件接收到后就可以根据参数的不同来渲染不同的内容或执行操作。

props 参数的值可以有两种：一种是字符串数组；另一种是对象，如例 7-7 所示。

【例 7-7】 props 参数的两种形式

```javascript
//数组形式
props: ['title', 'likes', 'isPublished', 'commentIds', 'author']
//对象形式
props: {
  title: [String , Number],
  likes: {type: Number, default: 0},
  isPublished: Boolean,
  commentIds: Array,
  author: {Object, required: true},
}
```

对于对象类型的 props，Vue 会根据验证要求检查组件，保证参数的正确使用。验证的 type 类型可以是：String、Number、Boolean、Object、Array、Function。type 也可以是一个自定义构造器，使用 instanceof 检测。

props 参数中的数据与组件 data 函数的数据的主要区别就是 props 参数来自父级，而 data 函数中是组件自己的数据，作用域是组件本身。这两种数据都可以在模板、计算属性和方法中使用。

一个组件默认可以拥有任意数量的 props，任何值都可以传递给任何 props。一个 props 被注册之后，就可以把数据作为一个自定义 attribute 传递进去。可以给 props 传入一个静态的值，也可以通过 v-bind 指令（简写为:）动态地赋予一个变量的值或者一个复杂表达式的值，任何类型的值都可以传给 props，如例 7-8 所示。

【例 7-8】 给 props 传入值

```html
<my-post title="My journey with Vue"></my-post>
<my-post :title="post.title"></my-post>
<my-post :title="post.title + ' by ' + post.author"></my-post>
```

```javascript
app.component('my-post', {
  props: ['title'],
  template: '<h4>{{ title }}</h4>'
})
```

每次父级组件发生变更时，子组件中所有的 props 都将会被刷新。因此不应该在一个子组件内部改变 props。当子组件希望使用本地的 props 数据时，最好定义一个本地的 data property 并传入 props 的值。当 props 需要进行转换时，最好使用 props 的值来定义一个计算属性。如果使用修饰符.sync 在子组件中修改值，将会影响父组件的值。修饰符.once 意味着单次绑定，子组件接收一次父组件传递的数据后，单独维护这份数据，既不影响父组件数据也不受其影响而更新。

7.2.2 组件通信

尽管子组件可以用 this.$parent 访问它的父组件，父组件同样有一个数组 this.$children，包含它所有的子组件，根实例的后代可以用 this.$root 访问根实例，不过子组件应当避免直接依赖父组件的数据，尽量显式地使用 props 传递数据。在子组件中修改父组件的状态同样是非常糟糕的做法，因为这会导致父组件与子组件高耦合。同时只看父组件将会很难理解父组件的状态，因为它可能被任意子组件修改。在理想情况下，只有组件自己能修改自己的状态。

因此当子组件需要向父组件传递数据时，就要用到自定义事件。如果要通知整个事件系统，就要向下广播。每个 Vue 实例都是一个事件触发器。$on()是监听事件；$emit()是把事件沿着作用域链向上派送；$dispatch()是派发事件，事件沿着父链冒泡；$broadcast()是广播事件，事件向下传导给所有的后代。

父级组件可以通过 v-on 或@监听子组件实例的任意事件，同时子组件可以通过调用内建的$emit 方法并传入事件名称来触发一个事件，通过子组件中的按钮修改父组件字体大小的案例如例 7-9 与例 7-10 所示。例 7-9 中的代码实现了在父组件中插入 blog-post 子组件，例 7-10 的代码实现了子组件 blog-post 和字体大小的修改。

【例 7-9】 父组件中插入子组件 blog-post

```
<template>
  <div id="app" class="demo">
    <div :style="{ fontSize: postFontSize + 'em' }">
      <blog-post
        v-for="post in posts"
        :key="post.id"
        :title="post.title"
        @enlarge-text="postFontSize += 0.1"
      >
      </blog-post>
    </div>
  </div>
</template>

<script>
import { reactive, toRefs } from "vue";
import BlogPost from './BlogPost.vue'

export default {
```

```
    components: {
      BlogPost,
    },
    setup() {
      const data = reactive({
        posts: [
          { id: 1, title: "Vue 3.0" },
          { id: 2, title: "HTML" },
          { id: 3, title: "JavaScript" },
        ],
        postFontSize: 1,
      });

      return {
        ...toRefs(data),
      };
    },
  };
  </script>
```

【例 7-10】 在 blog-post 子组件中实现字体大小的修改

```
<template>
  <div class="blog-post">
    <h4>{{ title }}</h4>
    <button @click="$emit('enlargeText')">Enlarge text</button>
  </div>
</template>

<script>
export default {
  props: ["title"],
};
</script>
```

加大字号前后的效果如图 7-2 所示。经过 @enlarge-text 监听器,父级将接收事件并更新 postFontSize 值,达到增大字号的效果。而 $ emit()方法的第一个参数是自定义事件的名称,后面的参数可选,表示要传递的数据。带数据的 $ emit()的使用方法如例 7-11 所示。

【例 7-11】 包含数据的 $ emit()方法

```
<!-- 子组件 -->
<button @click="$emit('enlarge-text', 0.1)">
  Enlarge text
</button>

<!-- 父组件 -->
<blog-post ... @enlarge-text="postFontSize += $event"></blog-post>
```

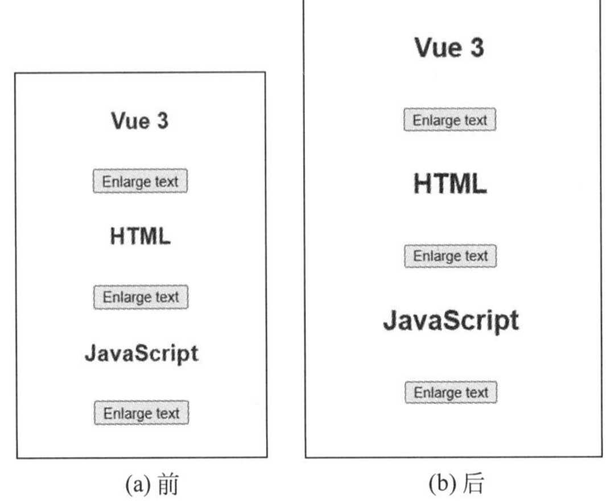

(a) 前　　(b) 后

图 7-2　加大字号前后效果

当在父级组件监听事件时,可以通过 $event 访问 $emit()方法的第二个参数值。如果事件的处理函数是一个方法,那么这个值将会作为第一个参数传入这个方法。

除了用 v-on 在组件上监听自定义事件外,也可以监听 DOM 事件,这时可以用.native 修饰符监听一个原生事件,监听的是该组件的根元素。

类似于 prop 类型验证,如果使用对象语法定义发出的事件,也可以进行验证。通过为事件分配一个函数以添加验证,函数将接收传递给 $emit 调用的参数,并返回一个布尔值表示事件是否有效。事件验证的案例如例 7-12 所示。

【例 7-12】 事件验证

```javascript
app.component('my-component', {
  emits: {
    // 没有验证
    click: null,

    // 验证 submit 事件
    submit: ({ email, password }) => {
      if (email && password) {
        return true
      } else {
        console.warn('Invalid submit event payload!')
        return false
      }
    }
  },
  methods: {
    submitForm() {
      this.$emit('submit', { email, password })
    }
  }
})
```

7.2.3 v-model 参数

自定义事件也可以用于创建支持 v-model 的自定义输入组件。当用在组件上时，v-model 的用法如例 7-13 所示。

【例 7-13】 v-model 自定义输入组件

```
                                                                    HTML
<my-input v-model="search"></my-input>
                                                              JavaScript
app.component('my-input', {
  props: ['modelValue'],
  template: '
    <input
      :value="modelValue"
      @input="$emit('update:modelValue', $event.target.value)"
    >
  '
})
```

以上是一种默认情况，组件上的 v-model 使用 modelValue 作为一个 prop、update：modelValue 作为事件。除了这样，还可以通过向 v-model 传递参数来修改这些名称，如例 7-14 所示。

【例 7-14】 修改 props 与事件名称

```
                                                                    HTML
<my-input v-model:sss="search"></my-input>
                                                              JavaScript
app.component('my-input', {
  props: {
    sss: String
  },
  template: '
    <input
      type="text"
      :value="sss"
      @input="$emit('update:sss', $event.target.value)"
    >
  '
})
```

子组件将需要一个 sss prop 并发出 update：sss 要同步的事件。

在 v-model 参数中，同样可以在单个组件实例上创建多个 v-model 绑定。每个 v-model 将自动同步到不同的 props，而不需要在组件中添加额外的选项。

7.2.4 Vue 3.0 中的 v-model 修饰符

在 Vue 2.x 中，支持了组件 v-model 上的.trim 等修饰符。在 Vue 3.0 中，添加到组件

v-model 的修饰符将通过 modelModifiers prop 提供给组件，便于更好地支持自定义修饰符。

v-model 本身有内置修饰符.trim、.number 和.lazy。现在还支持添加自定义的修饰符。在例 7-15 中创建了一个自定义修饰符 capitalize，用于将 v-model 绑定的字符串的首字母大写。首先创建了一个组件，它包含了 modelModifiers，默认为空对象。

【例 7-15】 创建自定义修饰符 capitalize

```html
<div id = "app">
  <my - component v - model.capitalize = "myText"></my - component>
  {{ myText }}
</div>
```

```javascript
const app = Vue.createApp({
  data() {
    return {
      myText: ''
    }
  }
})
app.component('my - component', {
  props: {
    modelValue: String,
    modelModifiers: {
      default: () => ({})
    }
  },
  methods: {
    emitValue(e) {
      let value = e.target.value
      if (this.modelModifiers.capitalize) {
        value = value.charAt(0).toUpperCase() + value.slice(1)
      }
      this.$emit('update:modelValue', value)
    }
  },
  template: '<input
    type = "text"
    :value = "modelValue"
    @input = "emitValue">'
})
app.mount('#app')
```

当组件的 created 生命周期钩子触发时，modelModifiers 包含 capitalize，值为 true，因为它通过 v-model 绑定在 v-model.capitalize="bar"上。每当<input/>元素触发 input 事件时，都会将字符串大写。

对于带参数的 v-model 绑定，生成的 prop 名称将为 arg + "Modifiers"，如例 7-16 所示。

【例 7-16】 带参数的 v-model 绑定

```
                                                                    HTML
<my-component v-model:sss.capitalize="bar"></my-component>
                                                              JavaScript
app.component('my-component', {
  props: ['sss', 'sssModifiers'],
  template: '
    <input type="text"
      :value="sss"
      @input="$emit('update:sss', $event.target.value)">
  ',
  created() {
    console.log(this.sssModifiers) // { capitalize: true }
  }
})
```

7.3 插槽内容分发

7.3.1 插槽的基本用法

类似 HTML 元素，为了让组件可以组合，也需要一种方式来混合父组件的内容与子组件的模板，这个处理称为内容分发 transclusion。Vue 实现了内容分发，使用特殊的< slot >元素作为原始内容的插槽，让内容分发变得非常简单。< slot >的基本用法如例 7-17 所示。

【例 7-17】 插槽的基本用法

```
<!-- 父组件 -->
<my-component>
  <i class="fas fa-plus"></i>
  <font-awesome-icon name="plus"></font-awesome-icon>
Add something
</my-component>

<!-- 子组件模板 -->
<button class="btn-primary">
  <slot></slot>
</button>

<!-- 渲染结果 -->
<button class="btn-primary">
  <i class="fas fa-plus"></i>
  <font-awesome-icon name="plus"></font-awesome-icon>
Add something
</button>
```

插槽可以包含任何模板代码或其他组件，包括 HTML。当组件渲染的时候，< slot >标签将会被替换。相反，如果子组件的模板中没有包含< slot >元素，则组件起始标签和结束标签之间的任何内容都会被抛弃。

至此，props 参数、events 事件和插槽内容分发构成了 Vue 组件的 3 个 API，组件都由这 3 部分构成。

7.3.2 插槽的作用域

插槽可以访问与模板其余部分相同的实例 property，也就是相同的"作用域"，但是不能访问所在子组件的作用域。例 7-18 中的 action 将不能被访问到。

【例 7-18】 插槽的作用域

```
<!-- 渲染结果 -->
<my-component action="delete">
  Clicking here will {{ action }} a number
</my-component>
```

因此，在此处想要使用 action 则需要在父组件中进行绑定。插槽分发的内容、作用域是在父组件上的。

同样，父组件模板里的所有内容都是在父级作用域中编译的，子组件模板里的所有内容都是在子作用域中编译的。

7.3.3 插槽的后备内容

插槽可以设置后备内容作为默认的内容。后备内容只会在没有提供内容的时候被渲染。在例 7-19 中，为按钮设置了一个常见的 submit 后备。

【例 7-19】 插槽的后备内容

```
<!-- 子组件模板 -->
<button type="submit">
  <slot>Submit</slot>
</button>

<!-- 无插槽内容的父组件 -->
<submit-button></submit-button>

<!-- 有插槽内容的父组件 -->
<submit-button>Save</submit-button>

<!-- 渲染结果 1 -->
<button type="submit">Submit</button>

<!-- 渲染结果 2 -->
<button type="submit">Save</button>
```

7.3.4 具名插槽

给<slot>元素指定一个 name 属性后可以分发多个内容，有 name 属性的<slot>称为具名插槽。一个不带 name 属性的匿名< slot >默认带有隐含的名字 default。具名< slot >将匹配内容片段中有对应< slot >属性的元素。具名< slot >可以与匿名< slot >共存。如果没有匿名插槽，找不到匹配插槽的内容片段将被忽略。

在向具名插槽提供内容的时候，可以在一个< template >元素上使用 v-slot 指令，并以 v-slot 参数的形式提供其名称。具名插槽的使用如例 7-20 所示。

【例 7-20】 具名插槽的使用

```
<!-- 子组件模板 -->
<template>
  <div class="container">
    <div style="background-color:red">
      <slot name="header"></slot>
    </div>
    <div style="background-color:yellow">
      <slot></slot>
    </div>
    <div style="background-color:pink">
      <slot name="footer"></slot>
    </div>
  </div>
</template>

<!-- 父组件 -->
<template>
  <div id="app" class="demo">
    <child-comp>
      <template v-slot:footer>
        <p>Here's some contact info</p>
      </template>

      <template v-slot:default>
        <p>A paragraph for the main content.</p>
        <p>And another one.</p>
      </template>

      <template v-slot:header>
        <h1>Here might be a page title</h1>
      </template>
    </child-comp>
  </div>
</template>

<script>
import ChildComp from "./childComp.vue";

export default {
  components: {
    ChildComp,
  },
};
</script>
```

插槽渲染后的结果如图 7-3 所示，红色背景部分的插槽被替换为了 name 为 header 的匹配内容。黄色背景部分的匿名插槽被替换为了 name 为 default 的匹配内容，父组件没有指定插槽特性的元素与内容都将替换这个插槽。粉色背景部分的插槽被替换为了 name 为 footer 的匹配内容。

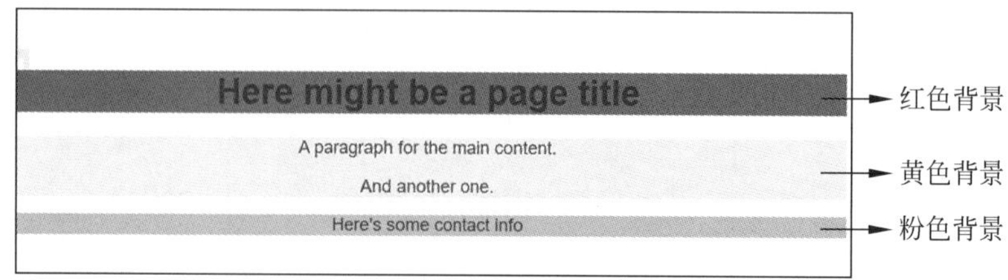

图 7-3 具名插槽的渲染结果

类似于 v-on 和 v-bind，v-slot 也有缩写，通过把参数之前的所有内容，即"v-slot:"替换为字符"#"。例如，上述的"v-slot:header"可以被重写为"#header:"。需要注意的是，这种缩写只在有参数的时候才可用。如果希望使用缩写，就必须始终以明确插槽名代替。

7.3.5 作用域插槽

前面提到了插槽访问的是父组件的作用域，但是让插槽内容能够访问子组件中才有的数据的需求也十分常见。例如，当一个组件被用来渲染一个项目数组时，常常希望能够自定义每个项目的渲染方式，这就需要使用作用域插槽，如例 7-21 所示。作用域插槽中数据的获取关系如图 7-4 所示。

【例 7-21】 作用域插槽的使用

```
<!-- 子组件 -->
                                                        HTML
<template>
<ul>
    <li v-for="( item, index ) in items">
      <slot :item="item"></slot>
  </li>
</ul>
</template>
                                                  JavaScript
const data = reactive({
    items: ['Feed a cat', 'Buy milk']
});

<!-- 父组件 -->
<todo-list>
  <template v-slot:default="slotProps">
    <span class="green">{{ slotProps.item }}</span>
  </template>
</todo-list>
```

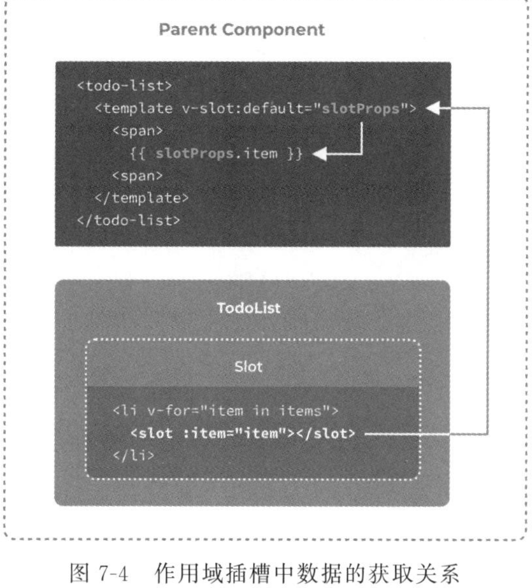

图 7-4　作用域插槽中数据的获取关系

因为在原本的情况下只有< todo-list >组件可以访问 item，如果要使 item 可用于父级提供的插槽内容，可以添加一个< slot >元素并将其绑定为属性，绑定在< slot >元素上的属性被称为插槽 prop。此时，在父级作用域中，可以使用带值的 v-slot 来定义所提供的插槽 prop 的名字。

7.4　动态组件

7.4.1　动态组件的基础用法

Vue 支持动态组件，可以多个组件使用同一挂载点，根据条件动态地切换不同的组件。通过使用标签< component >绑定到 is 属性的值来判断挂载哪个组件。动态组件的基础用法如例 7-22 所示，其效果如图 7-5 所示。

【例 7-22】　动态组件的基础用法

```html
<!-- 父组件 -->

<template>
  <div id = "app" class = "demo">
    <button
      v-for = "tab in tabs"
      v-bind:key = "tab"
      v-bind:class = "['tab-button', { active: currentTab === tab }]"
      v-on:click = "currentTab = tab"
    >
      {{ tab }}
    </button>

    <component v-bind:is = "currentTabComponent" class = "tab"></component>
  </div>
</template>
```

```
<script>
import { computed, reactive, toRefs } from "vue";
import TabPosts from "./tabPosts.vue";
import TabHome from "./tabHome.vue";
import TabLikes from "./tabLikes.vue";

export default {
  components: {
    TabPosts,
    TabHome,
    TabLikes,
  },
  setup() {
    const data = reactive({
      currentTab: "Home",
      tabs: ["Home", "Posts", "Likes"],
    });

    const currentTabComponent = computed(() => {
      return "tab-" + data.currentTab.toLowerCase();
    });

    return {
      ...toRefs(data),
      currentTabComponent,
    };
  },
};
</script>

<style>
.demo {
  font-family: sans-serif;
  border: 1px solid #eee;
  border-radius: 2px;
  padding: 20px 30px;
  margin-top: 1em;
  margin-bottom: 40px;
  user-select: none;
  overflow-x: auto;
}

.tab-button {
  padding: 6px 10px;
  border-top-left-radius: 3px;
  border-top-right-radius: 3px;
  border: 1px solid #ccc;
  cursor: pointer;
  background: #f0f0f0;
  margin-bottom: -1px;
  margin-right: -1px;
}
.tab-button:hover {
```

```
    background: #e0e0e0;
  }
  .tab-button.active {
    background: #e0e0e0;
  }
  .demo-tab {
    border: 1px solid #ccc;
    padding: 10px;
  }
</style>

<!-- home组件 -->
<template>
  <div class="demo-tab">Home page</div>
</template>

<!-- posts组件 -->
<template>
  <div class="demo-tab">My posts</div>
</template>

<!-- likes组件 -->
<template>
  <div class="demo-tab">My likes</div>
</template>
```

图 7-5 动态组件的效果

一般通过给 Vue 的<component>元素加一个 is 属性来实现动态切换。:is 是 v-bind:is 的缩写,可以包括已注册组件的名字或一个组件的选项对象。在例 7-22 中,绑定了父组件中的计算属性 currentTabComponent,需要注意的是,currentTab 属性的值需要和父组件实例中 components 属性的 key 相对应。

7.4.2 <keep-alive>

<keep-alive>标签可以添加在<component>标签外层,用于将切换出去的组件保留在内存中,避免重新渲染。可以使用它缓存一些非动态的组件实例,以保留组件状态。<keep-alive>应出现在组件被移除之后需要再次挂载的地方。现在来完善一下例 7-22 中的 Posts 组件,显示一些博文内容,修改后的 Posts 组件如例 7-23 所示。

【例 7-23】 带有博文的 Posts 组件

```
<template>
  <div class="demo-posts-tab">
    <ul class="demo-posts-sidebar">
      <li
        v-for="post in posts"
        :key="post.id"
        :class="{
          'demo-active': post === selectedPost,
        }"
        @click="selectedPost = post"
      >
        {{ post.title }}
      </li>
    </ul>
    <div class="demo-post-container">
      <div v-if="selectedPost" class="demo-post">
        <h3>{{ selectedPost.title }}</h3>
        <div v-html="selectedPost.content"></div>
      </div>
      <strong v-else> Click on a blog title to the left to view it. </strong>
    </div>
  </div>
</template>
<script>
import { reactive, toRefs } from "vue";
export default {
  setup() {
    const data = reactive({
      posts: [
        {
          id: 1,
          title: "Cat",
          content:
            "<p>The cat (Felis catus) is a domestic species of small carnivorous mammal. It
is the only domesticated species in the family Felidae and is often referred to as the domestic
cat to distinguish it from the wild members of the family. A cat can either be a house cat, a farm
cat or a feral cat; the latter ranges freely and avoids human contact. Domestic cats are valued
by humans for companionship and their ability to hunt rodents.</p>",
        },
        {
          id: 2,
          title: "Dog",
          content:
            "<p>The domestic dog (Canis familiaris when considered a separate species or
Canis lupus familiaris when considered a subspecies of the wolf) is a wolf-like canid that can
be found distributed around the world. The dog descended from an ancient, now-extinct wolf with
the modern wolf being the dog's nearest living relative. The dog was the first species to be
domesticated by hunter-gatherers more than 15,000 years ago, which predates agriculture.</p>",
```

```
        },
        {
          id: 3,
          title: "Fox",
          content:
            "<p>Foxes are small to medium - sized, omnivorous mammals belonging to several genera of the family Canidae. Foxes have a flattened skull, upright triangular ears, a pointed, slightly upturned snout, and a long bushy tail (or brush). Foxes live on every continent except Antarctica. The global distribution of foxes, together with their widespread reputation for cunning, has contributed to their prominence in popular culture and folklore in many societies around the world. The hunting of foxes with packs of hounds, long an established pursuit in Europe, especially in the British Isles, was exported by European settlers to various parts of the New World.</p>",
        },
      ],
      selectedPost: null,
    });

    return {
      ...toRefs(data),
    };
  },
};
</script>
```

图 7-6 展示了带有博文的 Posts 组件在加载时以及在点开 Cat 博文后的效果，此时如果切换到 Home 或 Likes 标签，然后再切换回 Posts，不会继续展示之前选择的文章，而是回到第一次加载的状态。这是因为每次切换新标签时，Vue 都创建了一个新的 currentTabComponent 实例。在这个例子中，标签的组件实例能够被保存下来将会是更好的，因此可以在它们第一次被创建的时候缓存下来。通过一个<keep-alive>元素将其动态组件包裹起来以解决这个问题，如例 7-24 所示。

Home Posts Likes

- Cat
- Dog
- Fox

Click on a blog title to the left to view it.

Home Posts Likes

- Cat
- Dog
- Fox

Cat

The cat (Felis catus) is a domestic species of small carnivorous mammal. It is the only domesticated species in the family Felidae and is often referred to as the domestic cat to distinguish it from the wild members of the family. A cat can either be a house cat, a farm cat or a feral cat; the latter ranges freely and avoids human contact. Domestic cats are valued by humans for companionship and their ability to hunt rodents.

图 7-6 带有博文的 Posts

【例 7-24】 <keep-alive>的用法

```
<keep-alive>
  <component :is="currentTabComponent"></component>
</keep-alive>
```

现在各个标签就保持了它们的状态，Posts 标签中被选中的文章将会被保留，即使未被渲染。

通常情况下，如果每个组件在激活时并不要求每次都实时请求数据，使用<keep-alive>就可以避免一些不必要的重复渲染，加快页面的响应速度。

7.5 组件案例：完善标签页组件

例 7-20 至例 7-22 已经搭建起了 Home、Posts 和 Likes 三个标签页的基本框架，并学会了用<keep-alive>的方法保留状态。现在可以结合 v-for、v-if 的知识，完成标签页组件的设计。在 Home 标签页显示问候以及热门趋势，在 Likes 标签页显示喜爱的内容。对页面进行一些简单的美化，修改后的代码如例 7-25 至例 7-28 所示。

【例 7-25】 父组件的代码

```
<template>
  <div id="app" class="demo">
    <button
      v-for="tab in tabs"
      v-bind:key="tab"
      v-bind:class="['tab-button', { active: currentTab === tab }]"
      v-on:click="currentTab = tab"
    >
      {{ tab }}
    </button>
    <keep-alive>
      <component :is="currentTabComponent"></component>
    </keep-alive>
  </div>
</template>

<script>
import { computed, reactive, toRefs } from "vue";
import TabPosts from "./tabPosts.vue";
import TabHome from "./tabHome.vue";
import TabLikes from "./tabLikes.vue";

export default {
  components: {
    TabPosts,
    TabHome,
    TabLikes,
  },
```

```
    setup() {
      const data = reactive({
        currentTab: "Home",
        tabs: ["Home", "Posts", "Likes"],
      });

      const currentTabComponent = computed(() => {
        return "tab-" + data.currentTab.toLowerCase();
      });

      return {
        ...toRefs(data),
        currentTabComponent,
      };
    },
  };
</script>

<style>
.demo {
  font-family: sans-serif;
  border: 1px solid #eee;
  border-radius: 2px;
  padding: 20px 30px;
  margin-top: 1em;
  margin-bottom: 40px;
  user-select: none;
  overflow-x: auto;
}

.tab-button {
  padding: 12px 20px;
  border-top-left-radius: 6px;
  border-top-right-radius: 6px;
  border: 1px solid #ccc;
  cursor: pointer;
  background: #f0f0f0;
  margin-bottom: -2px;
  margin-right: -2px;
}
.tab-button:hover {
  background: #e0e0e0;
}
.tab-button.active {
  background: #e0e0e0;
}
.demo-tab {
  border: 1px solid #ccc;
  padding: 20px;
}
</style>
```

【例 7-26】 Home 组件的代码

```
<template>
  <div class = "demo - tab">
    <div class = "card" style = "background - color: lightskyblue">
      <h1>Home</h1>
      <h4>Here's the home page!</h4>
    </div>
    <div class = "card" style = "background - color: tomato;">
      <h2>Trends</h2>
      <div
        v - for = "trend in trends"
        :key = "trend.id"
        :class = "{
          'demo - active': trend === selectedTrend,
        }"
        @click = "selectedTrend = trend"
      >
        <h3>{{ trend.title }}</h3>
        <div v - if = "trend === selectedTrend">
          <div
            v - html = "selectedTrend.content"
            style = "text - indent: 2em; text - align: left; margin: 0 3em"
          ></div>
        </div>
      </div>
    </div>
  </div>
</template>
<script>
import { reactive, toRefs } from "vue";
export default {
  setup() {
    const data = reactive({
      trends: [
        {
          id: 2,
          title: "Dog",
          content:
            "<p>The domestic dog (Canis familiaris when considered a separate species or
Canis lupus familiaris when considered a subspecies of the wolf) is a wolf - like canid that can
be found distributed around the world. The dog descended from an ancient, now - extinct wolf with
the modern wolf being the dog's nearest living relative. The dog was the first species to be
domesticated by hunter - gatherers more than 15,000 years ago, which predates agriculture.</p>",
        },
        {
          id: 3,
          title: "Fox",
          content:
            "<p>Foxes are small to medium - sized, omnivorous mammals belonging to several
genera of the family Canidae. Foxes have a flattened skull, upright triangular ears, a pointed,
slightly upturned snout, and a long bushy tail (or brush). Foxes live on every continent except
```

```
Antarctica. The global distribution of foxes, together with their widespread reputation for
cunning, has contributed to their prominence in popular culture and folklore in many societies
around the world. The hunting of foxes with packs of hounds, long an established pursuit in
Europe, especially in the British Isles, was exported by European settlers to various parts of
the New World.</p>",
          },
        ],
        selectedTrend: null,
      });

      return {
        ...toRefs(data),
      };
  },
};
</script>

<style scoped>
.card {
  width: 80%;
  min-height: 50px;
  border: solid 2px;
  border-radius: 4px;
  margin-bottom: 10px;
  position: relative;
  left: 10%;

}
</style>
```

【例 7-27】 Posts 组件的代码

```
<template>
  <div class="demo-posts-tab">
    <ul class="demo-posts-sidebar">
      <li
        v-for="post in posts"
        :key="post.id"
        :class="{
          'demo-active': post === selectedPost,
        }"
        @click="selectedPost = post"
      >
        {{ post.title }}
      </li>
    </ul>
    <div class="demo-post-container">
      <div v-if="selectedPost" class="demo-post">
        <h3>{{ selectedPost.title }}</h3>
        <div
          v-html="selectedPost.content"
```

```
            style = "
              text - indent: 2em;
              text - align: left;
              margin: 0 3em;
              width: 60 % ;
              left: 15 % ;
              position: relative;
            "
          ></div>
        </div>
        < strong v - else > Click on a blog title to view it. </strong>
      </div>
    </div>
</template>
< script >
import { reactive, toRefs } from "vue";
export default {
  setup() {
    const data = reactive({
      posts: [
        {
          id: 1,
          title: "Cat",
          content:
            "< p > The cat (Felis catus) is a domestic species of small carnivorous mammal. It is the only domesticated species in the family Felidae and is often referred to as the domestic cat to distinguish it from the wild members of the family. A cat can either be a house cat, a farm cat or a feral cat; the latter ranges freely and avoids human contact. Domestic cats are valued by humans for companionship and their ability to hunt rodents.</p>",
        },
        {
          id: 2,
          title: "Dog",
          content:
            "< p > The domestic dog (Canis familiaris when considered a separate species or Canis lupus familiaris when considered a subspecies of the wolf) is a wolf - like canid that can be found distributed around the world. The dog descended from an ancient, now - extinct wolf with the modern wolf being the dog's nearest living relative. The dog was the first species to be domesticated by hunter - gatherers more than 15,000 years ago, which predates agriculture.</p>",
        },
        {
          id: 3,
          title: "Fox",
          content:
            "< p > Foxes are small to medium - sized, omnivorous mammals belonging to several genera of the family Canidae. Foxes have a flattened skull, upright triangular ears, a pointed, slightly upturned snout, and a long bushy tail (or brush). Foxes live on every continent except Antarctica. The global distribution of foxes, together with their widespread reputation for cunning, has contributed to their prominence in popular culture and folklore in many societies around the world. The hunting of foxes with packs of hounds, long an established pursuit in Europe, especially in the British Isles, was exported by European settlers to various parts of the New World.</p>",
```

```
        },
      ],
      selectedPost: null,
    });

    return {
      ...toRefs(data),
    };
  },
};
</script>
<style scoped>
li {
  min-height: 20px;
  margin-bottom: 10px;
  width: 50%;
  left: 35%;
  position: relative;
}
.demo-posts-sidebar {
  margin-bottom: 50px;
  background-color: greenyellow;
  padding: 10px 0px 5px 0;
  width: 30%;
  left: 35%;
  position: relative;
  border: solid 2px;
  border-radius: 4px;
}
</style>
```

【例 7-28】 Likes 组件的代码

```
<template>
  <div class="demo-tab">
    <div class="card">
      <h2>Likes</h2>
      <div
        v-for="like in likes"
        :key="like.id"
        :class="{
          'demo-active': like === selectedLike,
        }"
        @click="selectedLike = like"
      >
        <h3>{{ like.title }}</h3>
        <div v-if="like === selectedLike">
          <div
            v-html="selectedLike.content"
            style="text-indent: 2em; text-align: left; margin: 0 3em"
```

```
          ></div>
        </div>
      </div>
    </div>
  </div>
</template>

<script>
import { reactive, toRefs } from "vue";
export default {
  setup() {
    const data = reactive({
      likes: [
        {
          id: 1,
          title: "Cat",
          content:
            "<p>The cat (Felis catus) is a domestic species of small carnivorous mammal. It
is the only domesticated species in the family Felidae and is often referred to as the domestic
cat to distinguish it from the wild members of the family. A cat can either be a house cat, a farm
cat or a feral cat; the latter ranges freely and avoids human contact. Domestic cats are valued
by humans for companionship and their ability to hunt rodents.</p>",
        },
        {
          id: 3,
          title: "Fox",
          content:
            "<p>Foxes are small to medium-sized, omnivorous mammals belonging to several
genera of the family Canidae. Foxes have a flattened skull, upright triangular ears, a pointed,
slightly upturned snout, and a long bushy tail (or brush). Foxes live on every continent except
Antarctica. The global distribution of foxes, together with their widespread reputation for
cunning, has contributed to their prominence in popular culture and folklore in many societies
around the world. The hunting of foxes with packs of hounds, long an established pursuit in
Europe, especially in the British Isles, was exported by European settlers to various parts of
the New World.</p>",
        },
      ],
      selectedLike: null,
    });

    return {
      ...toRefs(data),
    };
  },
};
</script>

<style scoped>
.card {
  width: 80%;
  min-height: 50px;
```

```
    border: solid 2px;
    border-radius: 4px;
    margin-bottom: 10px;
    position: relative;
    left: 10%;
    background-color: gold;
  }
</style>
```

Home、Posts、Likes 标签页的显示效果如图 7-7 至图 7-9 所示，单击标题会切换展示博文的内容，并且保留打开的状态。在接入后端时，各个组件可以向后端请求数据，分别获取趋势、博文、喜爱的列表，并将获取的数据显示在页面上。

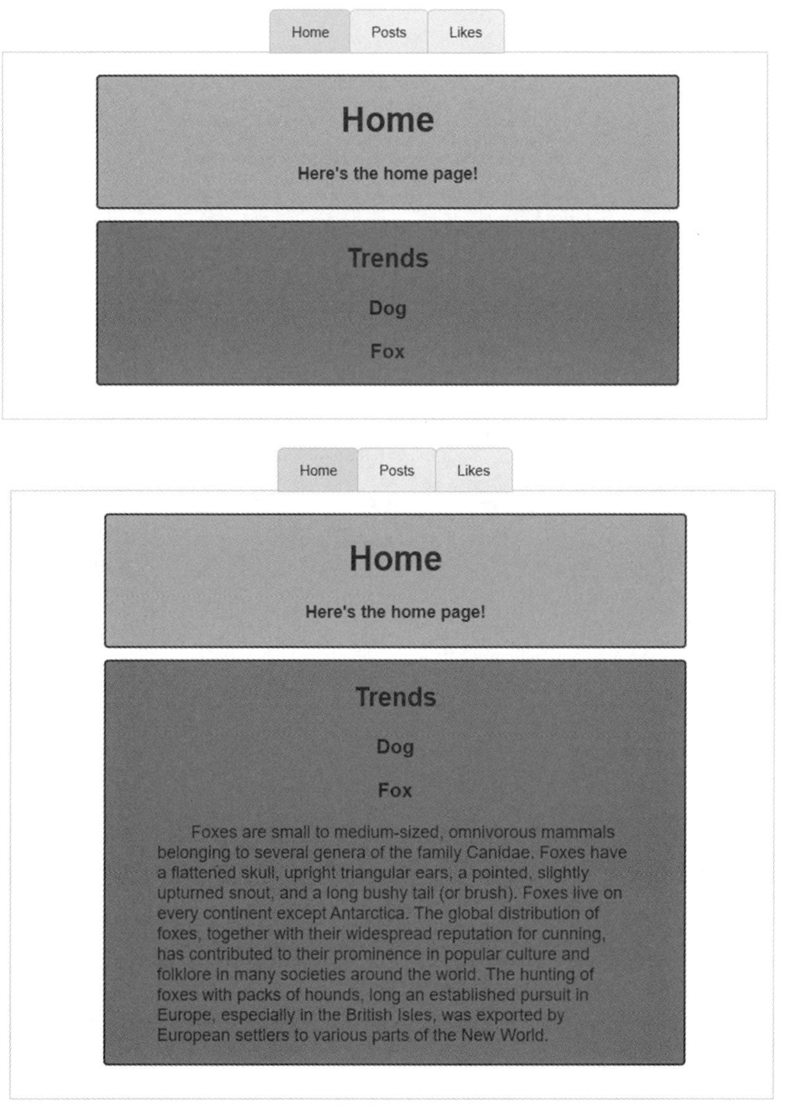

图 7-7 Home 标签页的效果

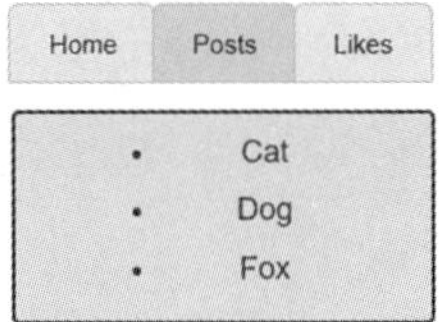

Home
Posts
Likes
Cat
Dog
Fox
Click on a blog title to view it.
Home
Posts
Likes
Cat
Dog
Fox
Dog
The domestic dog (Canis familiaris when considered a separate species or Canis lupus familiaris when considered a subspecies of the wolf) is a wolf-like canid that can be found distributed around the world. The dog descended from an ancient, now-extinct wolf with the modern wolf being the dog's nearest living relative. The dog was the first species to be domesticated by hunter–gatherers more than 15,000 years ago, which predates agriculture.

图 7-8　Posts 标签页的效果

Home
Posts
Likes
Likes
Cat
Fox
Home
Posts
Likes
Likes
Cat
The cat (Felis catus) is a domestic species of small carnivorous mammal. It is the only domesticated species in the family Felidae and is often referred to as the domestic cat to distinguish it from the wild members of the family. A cat can either be a house cat, a farm cat or a feral cat; the latter ranges freely and avoids human contact. Domestic cats are valued by humans for companionship and their ability to hunt rodents.
Fox

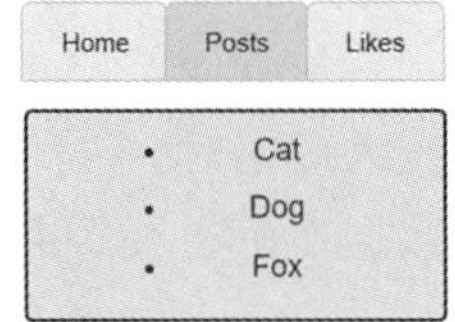

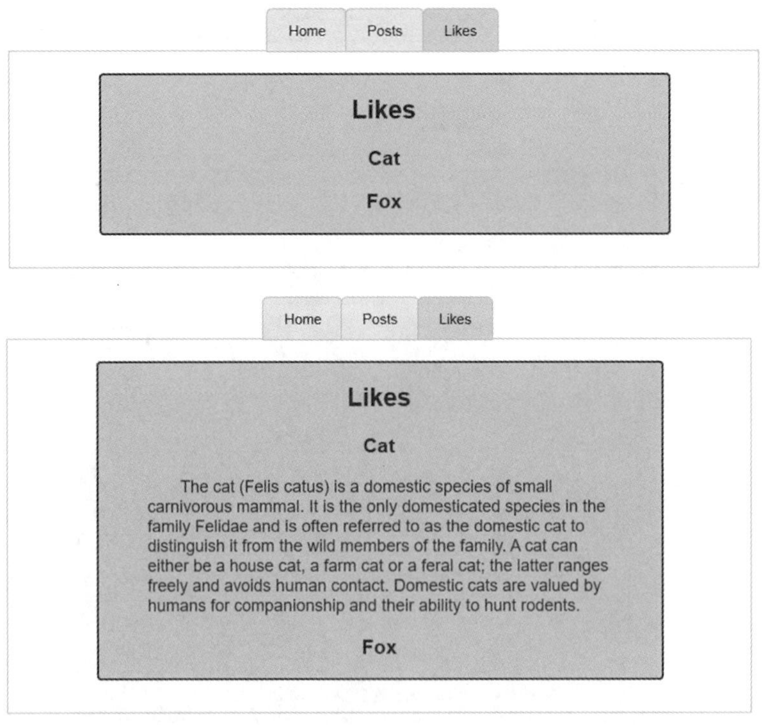

图 7-9　Likes 标签页的效果

7.6 组件在 Vue 3.0 中的变化

7.6.1 函数式组件

在 Vue 2.x 中,函数式组件有两个主要作用,分别是性能优化和返回多个根节点,因为它们的初始化速度比有状态组件快得多。然而,在 Vue 3.0 中,有状态组件的性能已经提高到可以忽略不计的程度。此外,有状态组件现在也包括返回多个根节点的能力。因此,函数式组件剩下的唯一用法就是简单组件,如创建动态标题的组件。在其他情况下,建议使用有状态组件。

语法方面,在 Vue 3.0 中,所有的函数式组件都是用普通函数创建的,{functional:true}选项在通过函数创建组件时已被移除,也就不再需要定义该选项。现在可以接收两个参数:props 和 context,其中 context 参数是一个对象,包含组件的 attrs、slots 和 emit property。同时,functional attribute 在单文件组件(Single File Components,SFC)< template >中已被移除,因此在 SFCs 上使用 functional 时可以删除该 attribute,并将 props 的所有引用重命名为 $props,将 attrs 重命名为 $attrs。

7.6.2 内联模板 Attribute

Vue 2.x 为子组件提供了 inline-template 属性,用于将其内部内容用作模板,而不是将其作为分发内容。Vue 3.0 中将不再支持此功能。最简单的解决方法是将< script >与其他类型一起使用,并在组件中使用选择器将模板作为目标。另外,以前使用 inline-template 的组件也可以使用默认插槽进行重构,这将会使数据范围更加明确,也保留了内联编写子内容的便利。

7.7 本章小结

本章介绍了组件的有关内容,组件的核心目标是提高代码的可重用性,减少重复性的开发。

组件的全局注册可以传入两个参数:第一个参数是组件的名称;第二个参数是组件的构造函数 definition,可以是 Function,也可以是 Object。要确保在根实例初始化之前注册。局部注册则限定了组件只能在被注册的组件中使用,可以通过一个普通的 JavaScript 对象来定义局部组件。在组件中使用 components 选项注册组件,可以进行组件嵌套。

子组件中可以通过显式声明 props 以接收父组件数据,子组件接收到后就可以根据参数的不同来渲染不同的内容或执行操作。props 的值可以有两种:一种是字符串数组;另一种是对象。除了 props,父级组件还可以通过 v-on 或@监听子组件实例的任意事件,同时子组件也可以通过调用内建的 $emit 方法并传入事件名称来触发一个事件。

Vue 通过使用特殊的< slot >元素作为原始内容的插槽实现了内容分发,可以让组件组合,以混合父组件的内容与子组件的模板。插槽可以设置后备内容。通过给< slot >元素指定一个 name 属性后可以分发多个内容,有 name 属性的< slot >称为具名插槽。一个不带

name 属性的匿名插槽默认带有隐含的名字 default。

Vue 还支持动态组件，多个组件使用同一挂载点，根据条件动态地切换不同的组件。通过< keep-alive >元素可以缓存一些非动态的组件实例，以保留组件状态。

7.8 练 习 题

一、填空题

1. props 是组件中非常重要的一个选项，起到了父子组件间桥梁的作用。props 的值可以有两种：一种是________，另一种是________。

2. 当 props 需要进行转换时，最好使用 props 的值来定义一个计算属性。如果使用修饰符________在子组件中修改值，将会影响父组件的值。修饰符________意味着单次绑定，子组件接受一次父组件传递的数据后，单独维护这份数据。

3. 当一个组件被用来渲染一个项目数组时，常常希望能够自定义每个项目的渲染方式。这就需要使用________。

4. 组件是 Vue 最核心的功能之一。组件的注册分为________和________，________在注册之后可以用在任何新创建的 Vue 根实例的模板中，________只在该实例作用域下有效。

5. Vue 3.0 中，函数式组件可以接收两个参数：________和________，其中________参数是一个对象，包含组件的 attrs、slots 和 emit property。

二、选择题

1. 组件的全局注册可以传入(　　)参数。

(1) 组件的名称

(2) props

(3) 组件的构造函数

(4) 自定义元素的名字

A. (1)(3)　　　　B. (1)(2)(3)

C. (1)(2)(3)(4)　　　　D. (1)(4)

2. 子组件中修改父组件的状态会导致父组件与子组件高耦合，为避免子组件直接依赖父组件的数据，应当(　　)。

A. 使用 this. $parent 访问它的父组件

B. 尽量显式地使用 props 传递数据

C. 使用修饰符. sync

D. 通过 v-on 或@监听子组件实例的任意事件

3. 有关动态组件，下面说法不正确的是(　　)。

A. Vue 支持动态组件，可以多个组件使用同一挂载点，根据条件动态地切换不同的组件

B. < keep-alive > 包裹动态组件时，会缓存不活动的组件实例，而不是销毁它们

C. 动态组件切换中，每次切换会先将之前的组件加入缓存，然后渲染下一个组件

D. 可以通过给 Vue 的< component >元素加一个 is 属性来实现动态切换

4. 关于 Vue 组件间的参数传递，说法不正确的是(　　)。

A. 子组件给父组件传值，使用 $ emit 方法

B. 父组件给子组件传值，子组件通过 props 接收数据

C. 子组件通过 $ emit('Event')触发事件，父组件用@Event 监听

D. 父组件使用 $ broadcast()，事件向下传导给第一个子组件

5. 关于 slot，下面说法正确的是(　　)。

A. 默认插槽可以放置在组件的任意位置，可以分发多个内容

B. 插槽可以设置后备内容，后备内容一般优先被渲染

C. 绑定在<slot>元素上的属性被称为插槽 prop

D. 插槽能访问所在子组件的作用域

三、判断题

1. 一个组件默认可以拥有任意数量的 props，任何值都可以传递给任何 props。(　　)

2. 如果子组件的模板中包含<slot>元素，当组件渲染的时候，<slot>会与任何模板代码或其他组件一起渲染。(　　)

3. 父级模板里的所有内容都是在父级作用域中编译的，子模板里的所有内容都是在子作用域中编译的。(　　)

4. Vue 3.0 中，函数组件必须要定义{ functional: true }选项。(　　)

5. 对于对象类型的 props，Vue 会根据验证要求检查组件，验证的 type 类型可以是 String、Number、Boolean、Object、Array、Function。

四、问答题

1. 全局注册组件传入的两个参数分别是什么？都有哪些需要注意的地方？

2. 组件之间的通信有哪几种方式？分别是什么流程？

3. 具名插槽和匿名插槽分别如何匹配父组件中的内容？

4. <transition-group>是否可以使用过渡模式？它如何改变元素定位？

五、动手做

设计一个数字输入框组件，只能输入数字，附带两个按钮用于加 1 和减 1。也可以自行添加初始值、最大值、最小值的按钮。在输入框中的数值改变时，触发一个自定义事件来通知父组件。

第 8 章 前端路由

视频讲解

路由是所有前端框架中必须具备的元素。虽然使用后端路由时，页面可以在服务端渲染好直接返回给浏览器，但是模板是由后端来维护的，因此前端开发者需要安装整套的后端服务，有时还需要使用非前端语言来改写 HTML 结构，难以维护。而如果使用前后端分离的模式时，后端则可以专注在数据上，前端可以专注在交互和可视化上。

广义上的前端路由是指前端根据 URL(Uniform Resource Locator，统一资源定位器)来分发视图，它定义了对于哪个 URL 应该由哪个文件来处理。路由需要监听浏览器地址的变化，以及动态加载视图。前端路由的优点有很多，包括页面持久、前后端分离等。在 Vue 中，路由有一个专门的 vue-router 库用于给 Vue 提供路由管理。

8.1 vue-router 的基本用法

8.1.1 vue-router 的安装

vue-router 提供了 CDN 引入、npm 等安装方式，可以选择其中一种方式进行安装。

unpkg.com 提供基于 npm 的 CDN 链接，网址为 https://unpkg.com/vue-router/dist/vue-router.js，这个链接将始终指向 npm 的最新版本。也可以通过在中间的 vue-router 后加入版本标签来指定版本，例如.../vue-router@2.0.0/dist...。通过以下代码可以引入 vue-router：

```
<script src="/path/to/vue.js"></script>
<script src="/path/to/vue-router.js"></script>
```

vue-router 在 Vue 添加之后将自动安装。

当使用 Webpack 等支持 CommonJS 规范的模块化打包器来构建时，可以使用 npm 包的方式来安装，安装代码如下：

```
npm install vue-router
```

vue-router 如果要使用最新的开发版本，则必须直接从 GitHub 复制并自行构建，代码如下：

```
git clone https://github.com/vuejs/vue-router.git node_modules/vue-router
cd node_modules/vue-router
```

```
npm install
npm run build
```

8.1.2 vue-router 的基本使用

在开始编写 vue-router 相关的代码之前，可以新建一个带有 router 的项目，Vue CLI 脚手架会自动搭建好项目的结构，并写入一些基础代码，新建项目的代码如下：

```
vue create router-proj
```

router-proj 可以更换为自定义的项目名称，在后续的步骤中选择 manually select features，并勾选 Router 选项，选择 Vue 3.0 的版本，等待 CLI 完成搭建。在 routes 中加入一些路径与组件后，就可以显示网页内容了，修改后的代码如例 8-1 所示。

【例 8-1】 Router 中的代码

```
import { createRouter, createWebHashHistory } from 'vue-router'
import Home from '../views/Home.vue'

const routes = [
  {
    path: '/',
    name: 'Home',
    component: Home
  },
  {
    path: '/about',
    name: 'About',
    component: () => import('../views/About.vue')
  }
]

const router = createRouter({
  history: createWebHashHistory(),
  routes
})

export default router
```

类似于通过 is 特性来实现动态组件，vue-router 的实现原理事实上就是在路由不同的页面动态加载不同的组件。在这段代码中，首先导入了 Home 与 About 两个组件，并分别为它们设置了路径。在导出 router 后，可以在 main.js 中加入以下代码来使用路由：

```
createApp(App).use(router)
```

想要在 setup 函数中使用 router 时，可以通过 useRouter()或 useRoute()函数来实现。在之后，router 实例将会被经常使用，需要注意的是 this.$router 与直接使用 createRouter()

创建的 router 实例是完全相同的，使用 this. $ router 是因为不想在每个需要操纵路由的组件中都进行 router 的导入操作。

8.1.3 跳转

vue-router 有两种跳转页面的方法，第一种是使用内置的< router-link >组件，< router-link >默认会被渲染成一个< a >标签，它的 to 属性用于指定跳转链接。

【例 8-2】 < router-link >的使用

```
<template>
  <div id="nav">
    <router-link to="/">Home</router-link> |
    <router-link to="/about">About</router-link>
  </div>
  <router-view/>
</template>
```

除了 to，< router-link >还有其他的一些 prop，如 replace，不留下 History 记录，也就不能用后退键返回上一个页面；active-class，当路由匹配成功时，会给当前元素设置一个 router-link-active 的 class。

第二种可以使用 router 实例的方法是在单击事件的处理函数中使用 this. $ router. push('/about')。打开网页，单击 About 或在路径后加入/about 后，就可以跳转到 About 组件的页面，如图 8-1 所示。

图 8-1 跳转到 About 页面

8.2 动态路由匹配

8.2.1 带参数的动态路由匹配

很多时候，需要将具有给定模式的多个路由映射到同一组件，例如，可能有一个 User 组件是为所有用户展示的，但不同之处在于具有不同的用户 ID。在 vue-router 中，可以在路径中使用一个动态段来实现，称为 param。param 的使用方法如例 8-3 所示。

【例 8-3】 带参数的动态组件

```
const routes = [
  { path: '/users/:id', component: User },
]
```

动态段以冒号":"开头，这样之后，类似/users/1258 和/users/2600 的 URL 都将映射到相同的路由。当路由进行匹配时，路由的 param 可以用 this. $ route. params 的形式在每个组件中获取。在同一路径中可以有多个参数，它们将分别映射到 $ route. params 上的相应字段，如表 8-1 所示。

表 8-1　param 与路径的匹配关系

格　　式	匹配路径	$ route.params
/users/:username	/users/eduardo	{username: 'eduardo'}
/users/:username/posts/:postId	/users/eduardo/posts/123	{username: 'eduardo',postId: '123'}

除了 $ route.params，$ route 对象还包括了其他有用的信息，例如，当 URL 中存在查询时会有 $ route.query 及 $ route.hash 等。

8.2.2　响应参数变化

以例 8-2 中的动态段为例，使用带参数的路由时要注意的一件事是，当用户从/users/1258 转到/users/2600 时，将重用相同的组件实例。由于两个路由都使用相同的组件，因此这比销毁旧实例然后创建新实例更有效。但是，这也意味着将不会调用组件的生命周期钩子函数。要对同一组件中的参数更改做出响应，可以直接监听 $ route 对象上的内容，或者使用 beforeRouteUpdate，它也可以取消导航，如例 8-4 所示。

【例 8-4】　响应组件参数变化

```
//使用 watch 监听
const User = {
  template: '...',
  created() {
    this.$watch(
      () => this.$route.params,
      (toParams, previousParams) => {
        // 响应
      }
    )
  },
}

//使用 navigation guard
const User = {
  template: '...',
  async beforeRouteUpdate(to, from) {
    // 响应
    this.userData = await fetchUser(to.params.id)
  },
}
```

8.2.3　参数全匹配

常规参数只会匹配网址片段之间用/分隔的字符，如果想匹配任何字符，可以使用自定义的参数正则表达式，方法是在参数后面紧跟的括号内添加正则表达式，如例 8-5 所示。

【例 8-5】 参数全匹配

```
const routes = [
  //匹配所有并放入'$route.params.pathMatch'
  { path: '/:pathMatch(.*)*', name: 'NotFound', component: NotFound },
  // 匹配所有以'/user-'开头的并放入'$route.params.afterUser'
  { path: '/user-:afterUser(.*)', component: UserGeneric },
]
```

在这种特定的情况下,可以在括号之间使用自定义的正则表达式,并使用?修饰符(0或1)将 pathMatch 参数标记为可选、使用 *(0或更多)和+(1或更多)将 pathMatch 参数标记为可重复的参数。通过将 path 拆分为一个数组可以在需要时直接导航到路由,如例 8-6 所示。

【例 8-6】 将 path 拆分为数组

```
this.$router.push({
  name: 'NotFound',
  //保留当前路径并删除第一个字符,以免目标网址以"//"开头
  params: { pathMatch: this.$route.path.substring(1).split('/') },
  // 如果有的话保留现有 query 和 hash
  query: this.$route.query,
  hash: this.$route.hash,
})
```

8.3 路由匹配的语法

8.3.1 自定义正则表达式

大多数应用程序都使用静态路由,例如,/about,动态路由的使用如同/users/:userId。除此之外,还可以使用自定义的正则表达式。

当定义 param 时,可以在内部使用[^/]+,其中至少有一个不是/的字符,用于从 URL 中提取 param。除了在需要根据参数内容区分两个路由的情况外,这种方法的效果都很好。当两条路由/:orderId 和/:productName 将匹配完全相同的 URL 时,需要一种方法区分它们。最简单的方法是将静态部分添加到它们的路径中,如例 8-7 所示。

【例 8-7】 区分相同 URL 的路由

```
const routes = [
  //匹配 /o/3549
  { path: '/o/:orderId' },
  //匹配 /p/books
  { path: '/p/:productName' },
]
```

但在某些情况下不想添加静态部分。但是,orderId 与 productName 可能是相同的数字,另一种方法是在括号中为参数指定自定义正则表达式,如例 8-8 所示。

【例 8-8】 自定义正则表达式

```
const routes = [
  // /:orderId 只能匹配数字
  { path: '/:orderId(\\d+)' },
  // /:productName 所有字符都可以
  { path: '/:productName' },
]
```

此时 URL 中的数字，如/25 将会匹配/:orderId，而除数字外的其他字符将会匹配/:productName，routes 中的数组顺序将不再重要。

8.3.2 可选参数

使用? 修饰符可以将参数标记为可选参数，如例 8-9 所示。

【例 8-9】 可选参数的使用方法

```
const routes = [
  // 将会匹配 /users 和 /users/posva
  { path: '/users/:userId?' },
  // 将会匹配 /users 和 /users/42
  { path: '/users/:userId(\\d+)?' },
]
```

8.3.3 可重复参数

如果需要将路由与多个部分匹配，则可以使用 *（可以有 0 个或更多）或者＋（可以有 1 个或更多）将参数标记为可重复，如例 8-10 所示。

【例 8-10】 可重复参数的使用方法

```
const routes = [
  // /:chapters 可以匹配 /one, /one/two, /one/two/three,...
  { path: '/:chapters+' },
  // /:chapters 可以匹配 /, /one, /one/two, /one/two/three,...
  { path: '/:chapters*' },
]
```

这将提供一个参数数组而不是字符串，并且还要求在使用命名路由时传递一个数组，如例 8-11 所示。

【例 8-11】 给命名路由传递数组

```
// 生成 /
router.resolve({ name: 'chapters', params: { chapters: [] } }).href
// 生成 /a/b
router.resolve({ name: 'chapters', params: { chapters: ['a', 'b'] } }).href

router.resolve({ name: 'chapters', params: { chapters: [] } }).href
// 报错，因为 'chapters' 为空
```

当与自定义正则表达式结合使用时，需要将＊与＋添加在右括号后。同时，＊在使用时也可以认为是将参数标记为可选的，但是？标记的参数不能重复。

8.4 嵌套路由

很多情况下，应用的 UI 会由嵌套在多个层级的组件组成。这时，URL 的某段对应于嵌套组件的某种结构是很常见的。通过 vue-router，可以使用嵌套的路由配置来表达这种关系。

< router-view >是顶层 router-view，它渲染与顶层路由匹配的组件。类似的，渲染的组件也可以包含其自己的嵌套路由，如例 8-12 所示。

【例 8-12】 渲染的组件包含自己的嵌套路由

```
//组件中
const User = {
  template:
    <div class = "user">
      <h2>User {{  $route.params.id }}</h2>
      <router-view></router-view>
    </div>
  ,
}
//路由中
const routes = [
  {
    path: '/user/:id',
    component: User,
    children: [
      {
        // 匹配时 UserProfile 将会被渲染入 User 的<router-view>中
        path: 'profile',
        component: UserProfile,
      },
      {
        // 匹配时 UserPosts 将会被渲染入 User 的<router-view>中
        path: 'posts',
        component: UserPosts,
      },
    ],
  },
]
```

这里首先在 User 组件的模板中添加了一个< router-view >，此时要将组件呈现到被嵌套的 router-view 中，这就需要在路由中添加 children 选项。

需要注意的是，以/开头的嵌套路径将会被视为根路径，这使得利用组件嵌套时不必使用嵌套的 URL。

在上面的例子中，当访问/user/eduardo 时，User 的 router-view 中的内容不会被渲染，因为没有匹配的嵌套路由。如果想要渲染部分内容，可以提供一个空的嵌套路径，如例 8-13 所示。

【例 8-13】 空嵌套路径

```
const routes = [
  {
    path: '/user/:id',
    component: User,
    children: [
      // 在匹配时 UserHome 将会被渲染在 User 的<router-view>中
      { path: '', component: UserHome },
      ...
    ],
  },
]]
```

8.5 命名路由

除了 path，还可以给路由提供 name 属性。这具有以下优点：没有硬编码的网址、自动编码/解码 params、防止在网址中输入错字、绕过路径排名。要链接到命名路由，可以将一个对象传递给 router-link 组件的 to 参数，如例 8-14 所示。

【例 8-14】 命名路由的使用

```
//路由
const routes = [
  {
    path: '/user/:username',
    name: 'user',
    component: User
  }
]
//组件
<router-link :to="{ name: 'user', params: { username: 'erina' }}">
  User
</router-link>
```

路由将导航到路径 /user/erina，这与下面的写法具有同样的效果。

```
router.push({ name: 'user', params: { username: 'erina' } })
```

8.6 重定向和别名

8.6.1 重定向

重定向也在 routes 配置中完成，也可以针对命名路由或使用函数进行动态重定向，如例 8-15 所示。

【例 8-15】 重定向的使用

```
const routes = [{ path: '/home', redirect: '/' }]
// 命名路由
const routes = [{ path: '/home', redirect: { name: 'homepage' } }]
// 使用函数
const routes = [
  {
    // /search/screens 到 /search?q = screens
    path: '/search/:searchText',
    redirect: to => {
      return { path: '/search', query: { q: to.params.searchText } }
    },
  },
  {
    path: '/search',
    ...
  },
]
```

编写 redirect 时,可以省略 component 选项,因为不会直接到达,所以没有要渲染的组件。唯一的例外是嵌套路由,如果路由记录有 children 和 redirect 属性,则它也应该有 component 属性。

除了直接定位到绝对位置,也可以重定向到相对位置。

8.6.2 别名

/的别名/home 意味着当用户访问/home 时,URL 保留/home 不变,但路由将会把/home 匹配至/,用户就像正在访问/一样。

使用别名可以自由地将 UI 结构映射到任意 URL,而不受配置的嵌套结构约束。将别名的开头设为/,使路径在嵌套路由中成为绝对路径。甚至可以将两者结合起来,为数组提供多个别名。别名的使用如例 8-16 所示。

【例 8-16】 别名的使用

```
const routes = [{ path: '/', component: Homepage, alias: '/home' }]
// 为数组提供多个别名
const routes = [
  {
    path: '/users',
    component: UsersLayout,
    children: [
      // UserList 将会渲染出 3 个 URL
      // /users、/users/list 和 /people
      { path: '', component: UserList, alias: ['/people', 'list'] },
    ],
  },
]
```

如果路由包含 param，确保将其包含在绝对别名中，如例 8-17 所示。

【例 8-17】 包含参数的别名

```
const routes = [
  {
    path: '/users/:id',
    component: UsersByIdLayout,
    children: [
      // UserDetails 将会渲染出 3 个 URL
      // - /users/24 、/users/24/profile 和 /24
      { path: 'profile', component: UserDetails, alias: ['/:id', ''] },
    ],
  },
]
```

8.7 向路由组件传递参数

8.7.1 向路由组件传递参数的基本语法

在组件中使用 $route 会导致组件与路由紧密耦合，限制组件的灵活性，因为这样组件只能在特定 URL 上使用。通过使用 props 选项可以避免这种情况，如例 8-18 所示。

【例 8-18】 向路由组件传递参数

```
const User = {
  props: ['id'],
  template: '<div>User {{ id }}</div>'
}
const routes = [{ path: '/user/:id', component: User, props: true }]
```

这样可以在任何地方使用该组件，保证了组件的重用性和测试时的灵活性。

8.7.2 传递参数的模式

传递参数有 4 种模式，分别为布尔、命名视图、对象、功能。

在布尔模式中，当 props 设置为 true 时，route. params 将被设置为组件 props。

在命名视图模式中，对具有命名视图的路由，必须为每个命名视图定义 props 选项，如例 8-19 所示。

在对象模式中，当 props 是对象时，它将按原样设置为组件 props。特别是当 props 是静态时十分有用，如例 8-19 所示。

在功能模式中，可以创建一个返回 props 的函数，用来将参数转换为其他类型、将静态值与基于路由的值结合起来等，如例 8-19 所示。

【例 8-19】 传递参数的模式

```
// 命名视图
const routes = [
```

```
  {
    path: '/user/:id',
    components: { default: User, sidebar: Sidebar },
    props: { default: true, sidebar: false }
  }
]
// 对象模式
const routes = [
  {
    path: '/promotion/from-newsletter',
    component: Promotion,
    props: { newsletterPopup: false }
  }
]
// 功能模式
const routes = [
  {
    path: '/search',
    component: SearchUser,
    props: route => ({ query: route.query.q })
  }
]
```

8.8 vue-router 4.0 的变化

vue-router 4.0 提供了 Vue 3.0 支持，并有许多突破性的变化。

8.8.1 vue-router 的创建

vue-router 不再作为类，而是作为一组函数。因此新建的方法从原先的 new Router() 改变为 createRouter，如例 8-20 所示。

【例 8-20】 vue-router 4.0 的新建方法

```
// vue-router 3.x 的写法
// import Router from 'vue-router'
// const router = new VueRouter({});

// vue-router 4.0 的写法
import { createRouter } from 'vue-router'
const router = createRouter({})
```

8.8.2 新的 history 选项

原有的 mode: 'history'选项已经被更灵活的新选项 history 取代。迁移时，需要根据使用的模式，用合适的函数替代原来的 mode，替换的代码如下：

```
"history": createWebHistory()
"hash": createWebHashHistory()
"abstract": createMemoryHistory()
```

8.8.3 删除 * 路由

捕获所有路由(*、/*)必须使用带有自定义正则表达式的参数进行定义,如例 8-21 所示。

【例 8-21】 捕获所有路由的写法

```
onst routes = [
  { path: '/:pathMatch(.*)*', name: 'not-found', component: NotFound },
  //如果省略最后一个'*',则解析或推送时将对 params 中的'/'字符进行编码
  { path: '/:pathMatch(.*)', name: 'bad-not-found', component: NotFound },
]
// 不好的写法
router.resolve({
  name: 'bad-not-found',
  params: { pathMatch: 'not/found' },
}).href // '/not%2Ffound'
// 推荐的写法
router.resolve({
  name: 'not-found',
  params: { pathMatch: ['not', 'found'] },
}).href /
```

8.8.4 <router-link>的修改

append 选项已从<router-link>中移除,可以手动将值连接到现有 path,如下所示。

```
<router-link :to="append($route.path, 'child-route')"></router-link>
```

另外,event 和 tag 选项也已经从<router-link>删除。现在可以使用 v-slot 的 API 完全自定义<router-link>。

exact 选项也已被删除,因为正在修复的警告不再存在,因此可以安全地删除它。

8.8.5 去除 router.app

router.app 过去代表注入路由器的最后一个根组件(Vue 实例)。现在多个 Vue 应用可以同时安全地使用 vue-router,不过仍然可以在使用路由器时添加它。

8.8.6 向 route 组件的<slot>传递内容

当有路由组件的<slot>嵌套在<router-view>组件下,并且需要直接传递要由<slot>渲染的模板时,需要将它通过 v-slot 传递给<component>,如例 8-22 所示。

【例 8-22】 向 route 组件的< slot >传递内容

```
<router-view v-slot="{ Component }">
  <component :is="Component"></component>
</router-view>
```

8.8.7 $ route 属性编码

无论导航在哪里初始化，在 param、query 和 hash 中的解码值现在都保持一致。初始导航与应用内导航应产生相同的结果。

hash 现在已经解码，可以使用 router. push({hash: $ route. hash})进行复制，并且可以在 el 中直接使用。

当使用 push、resolve 和 replace 并且在对象中提供了 string 位置或 path 属性时，必须对其进行编码。而 param、query 和 hash 必须在未编码的版本中提供。

现在，斜线字符(/)已在 param 内部正确解码，同时仍在 URL 上生成编码后的版本。

8.9 本章小结

本章介绍了路由的有关内容，路由是所有前端框架中必须具备的元素，它定义了对于哪个 URL 应该由哪个文件来处理。前端路由的优点包括页面持久、前后端分离等。

路由的跳转可以使用内置的< router-link >组件，< router-link >默认会被渲染成一个< a >标签，它的 to 属性用于指定跳转链接。此外，还可以使用 router 实例的方法，如 $ router. push()。

在 vue-router 中，可以在路径中使用 param 来实现动态路由，将具有给定模式的多个路由映射到同一组件。路由匹配的语法包括自定义正则表达式、使用? 修饰的可选参数以及＋和 * 修饰的可重复参数。

通过 vue-router，还可以使用嵌套的路由配置来表达 URL 的某段对应于嵌套组件的某种结构的关系，没成为嵌套路由。

通过使用 props 选项可以向路由组件传递参数，可以避免组件与路由紧密耦合，限制组件的灵活性。

8.10 练 习 题

一、填空题

1. 正则表达式的使用方法是：在________后面紧跟的________后添加正则表达式。

2. 可以使用________将 pathMatch 参数标记为可重复的参数(至少写两个)。

3. 以/开头的嵌套路径会被视为________，所以利用组件嵌套时________使用嵌套的 URL。

4. 传递参数的 4 种模式包括命名视图、对象模式、功能模式和________。

5. vue-router 4 相比于 vue-router 3 的主要变化包括________(至少写出三条)。

二、单选题

1. 以下选项错误的是(　　)。

   A. 常规参数只会匹配网址片段间用/分隔的字符

   B. 任何情况下都不能在括号之间使用自定义的正则表达式

   C. 动态路由可以使用自定义的正则表达式

   D. 可以使用内置的< router-link >组件进行跳转

2. 以下选项正确的是(　　)。

   A. 定义 param 时,可以在内部使用[^\]-

   B. 将路由与多个部分匹配时,可以使用 * 将参数标记为可重复

   C. 当两条路由匹配完全相同的 URL 时,无法对他们加以区分

   D. 应用的 UI 由嵌套在单个层级的组件组成

3. 以下选项正确的是(　　)。

   A. 渲染的组件不可以包含自己的嵌套路由

   B. 当访问/user/eduardo 时,User 的 router-view 中的内容会被渲染

   C. 如果想要渲染上述内容,可以提供一个空的嵌套路径

   D. 不可以直接重定向到相对位置

4. 以下选项错误的是(　　)。

   A. 给路由提供 name 属性是可行的

   B. 编写 redirect 时,不可以省略 component 选项

   C. 除了直接定位到绝对位置,也可以重定向到相对位置

   D. 如果路由包含 param,则必须确保将其包含在绝对别名中

5. 下列向路由组件传递参数的代码中,错误的是(　　)。

   A.

```
// 命名视图
const routes = [
  {
    path: '/user/:id',
    components: { default: User, sidebar: Sidebar },
    props: { sidebar: false }
  }
]
```

   B.

```
// 对象模式
const routes = [
  {
    path: '/promotion/from - newsletter',
    component: Promotion,
    props: { newsletterPopup: false }
  }
]
```

C.

```
// 功能模式
const routes = [
  {
    path: '/search',
    component: SearchUser,
    props: route => ({ query: route.query.q })
  }
]
```

D. 布尔模式中，当 props 设置为 true 时，route.params 将被设置为组件 props

三、判断题

1. 前端路由的优点包括页面持久、前后端分离等。 （　　）
2. vue-router 只能通过 CDN 引入进行安装，安装后可自动更新。 （　　）
3. 动态路由分配主要通过 URL 将具有给定模式的多个路由映射到同一组件。（　　）
4. 使用 vue-router 时，使用内部 routerlink 组件即可完成跳转。 （　　）
5. 动态路由匹配时，当两个路由使用相同组件，无须响应参数。 （　　）

四、问答题

1. 路由的跳转有哪些方式？
2. 动态组件参数的可选、0 个或以上，以及 1 个或以上的修饰符分别是什么？
3. 简述别名的作用。

第9章 状态管理与Vuex

9.1 Vuex 简介

9.1.1 状态管理模式

Vuex 是 Vue 的状态管理模式+库。它作为应用中所有组件的集中仓库,确保只能以可预测的方式更改状态。

在一个自包含应用中,如最开始编写的计数器,往往包含三个部分:状态部分 state,包括驱动应用的数据源;视图部分 view,指明状态的映射;动作部分 action,指明状态根据用于在视图中的输入进行改变的可能方式。三部分的交互如图 9-1 所示。

但是,当存在多个组件共享相同状态时,这种过程将会被打破。因为多个视图可能依赖于同一个状态,并且来自不同视图的动作可能需要改变同一个状态。

传递 props 可以用一种很烦琐的方式解决深度嵌套组件的情况,但是对于同级组件则根本不起作用。为解决第二个问题,经常使用获得直接的父/子实例引用的方法,或者通过事件来对状态的多个副本进行变异和同步。但是这样两种方式都容易导致代码变得难以维护。

通过定义和分离状态管理中涉及的概念,并执行保证视图和状态之间独立性的规则,可以为代码提供更多的结构和高维护性,如图 9-2 所示。这就是 Vuex 的基本思想,它也是专门为 Vue 定制的库,可以利用细粒度的反应进行高效更新。

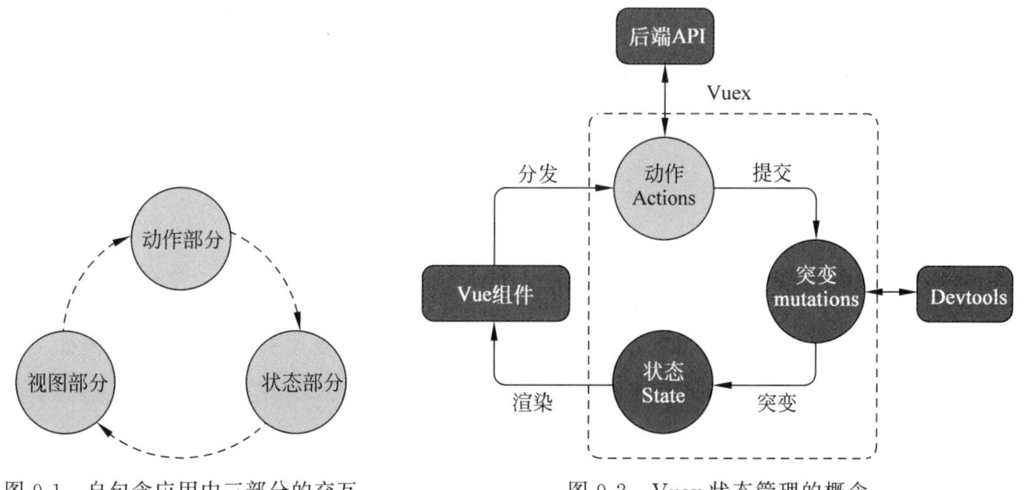

图 9-1 自包含应用中三部分的交互

图 9-2 Vuex 状态管理的概念

Vuex 以更多概念和样板为代价应对共享状态管理，这是一种短期和长期生产力之间的权衡。如果应用很简单，那么不使用 Vuex，而是使用一个简单的存储模式，可能会是更合适的。但是，在构建中型到大型的单页 Web 应用（Single Page Web Application，SPA）时，很可能会遇到处理 Vue 组件外部状态的情况，而 Vuex 将是更好的选择。

9.1.2 安装 Vuex

Vuex 4.0 提供了 Vue 3.0 支持，其 API 与 Vuex 3.x 基本相同。唯一的突破性变化是插件的安装方式。

Vuex 提供了 CDN 引入、npm、yarn 等安装方式，可以选择其中一种方式进行安装。

unpkg.com 提供基于 npm 的 CDN 链接，网址为 https://unpkg.com/vuex，这个链接将始终指向 npm 的最新版本；也可以通过在 vuex 后加入版本标签来指定版本，例如，https://unpkg.com/vuex@2.0.0。通过以下代码可以引入 Vuex：

```
<script src="/path/to/vue.js"></script>
<script src="/path/to/vuex.js"></script>
```

Vuex 在 Vue 添加之后将自动安装。

除了 CDN 引入，还可以在命令行使用 npm 或 yarn 包的方式来安装，安装代码分别如下：

```
npm install vuex@next - save
yarn add vuex@next - save
```

Vuex 需要包含 Promise，可以通过 CDN 包含它：

```
<script src="https://cdn.jsdelivr.net/npm/es6-promise@4/dist/es6-promise.auto.js">
</script>
```

使用 npm 或 yarn 之类的程序包管理器可以使用以下命令进行安装 Promise：

```
npm install es6-promise --save # NPM
yarn add es6-promise # Yarn
```

之后，在使用 Vuex 时，将下行添加到代码中的任何位置以使用 Promise：

```
import 'es6-promise/auto'
```

如果要使用 Vuex 最新的开发版本，必须直接从 GitHub 复制并自行构建，代码如下：

```
git clone https://github.com/vuejs/vuex.git node_modules/vuex
cd node_modules/vuex
yarn
yarn build
```

9.1.3 Vuex 的基本使用

每个 Vuex 应用的核心都是仓库 store。仓库就是一个保存应用状态的容器。Vuex 仓库与普通的全局对象大致有两点不同之处：一是 Vuex 仓库是反应式的，当 Vue 组件从中检索状态时，如果仓库的状态发生变化，它们将快速地更新：二是仓库的状态不能直接更改，只能通过显式地提交突变 mutation，理由是这样可以确保每个状态的更改都留下可跟踪的记录，并可以使用工具用于更好地了解应用。

Vuex 仓库的创建方式如例 9-1 所示，只需要提供一个初始状态对象和一些 mutation。

【例 9-1】 创建 Vuex 仓库

```
import { createApp } from 'vue'
import { createStore } from 'vuex'

// 创建一个新的仓库实例
const store = createStore({
  state () {
    return {
      count: 0
    }
  },
  mutations: {
    increment (state) {
      state.count++
    }
  }
})

const app = createApp({ /* 根组件 */ })

// 像插件一样安装仓库实例
app.use(store)
```

现在可以通过 store.state 访问状态对象，并使用 store.commit 方法触发状态更改。在 Vue 组件中，可以通过 this.$store 来访问商店。现在，还可以使用 component 方法进行更改，如例 9-2 所示。

【例 9-2】 Vuex 状态更改

```JavaScript
// 状态更改
store.commit('increment')
console.log(store.state.count) // -> 1

methods: {
  increment() {
    this.$store.commit('increment')
    console.log(this.$store.state.count)
  }
}
```

在这里需要通过提交 mutation 而不是直接更改 store. state. count 的原因是想要明确地追踪它,以便在维护代码时可以更容易地推断应用中的状态变更。也就可以通过工具记录每个 mutation,拍摄状态快照、执行跨时间调试等。

9.2 Vuex 中的状态

9.2.1 单一状态树

Vuex 使用单一状态树,即该单个对象包含所有应用的层级状态。这也意味着通常每个应用只有一个仓库。这使得查找特定状态以及获取当前应用的状态快照进行调试都变得更容易。单一状态树也不会与模块冲突。

在 Vuex 中存储的数据遵循与 Vue 实例中的数据相同的规则,即状态对象必须是纯文本。

9.2.2 将 Vuex 状态加入 Vue 组件

由于 Vuex 商店是反应式的,因此从中检索状态的最简单方法是从计算属性中返回一些商店状态,如例 9-3 所示。

【例 9-3】 在计算属性中返回状态

```
const Counter = {
  template: '< div >{{ count }}</div >',
  computed: {
    count () {
      return store. state. count
    }
  }
}
```

每当 store. state. count 更改时,将触发计算属性进行重新计算,并更新关联的 DOM。但是,这样的方式会导致组件依赖全局仓库。使用模块系统时,要求在使用仓库状态的每个组件中导入仓库,并且在测试组件时还需要模拟。

为了解决这个问题,Vuex 通过 Vue 的插件系统将仓库从根组件插入所有子组件中,并可以通过 this. $store 的形式在子组件上使用。现在,可以把 Counter 中的 count()改写为 this. $store. state. count。

9.2.3 mapState 的使用

当一个组件需要使用多个仓库状态属性或 getter 函数时,声明所有这些计算属性可能会变得重复和冗长。为了解决这个问题,可以利用 mapState 生成 getter 函数,如例 9-4 所示。

【例 9-4】 利用 mapState 生成 getter 函数

```
import { mapState } from 'vuex'
export default {
```

```
  computed: mapState({
    count: state => state.count,
    countAlias: 'count',

    // 为了通过'this'访问本地 state,需要使用一个普通函数
    countPlusLocalState (state) {
      return state.count + this.localCount
    }
  })
}
```

当映射的计算属性的名称与状态子树名称相同时，还可以将字符串数组传递给 mapState，代码如下所示：

```
computed: mapState(['count'])
```

这将会把 this.count 映射到 store.state.count。

9.2.4 组件的本地状态

使用 Vuex 并不意味着必须将所有状态都放入 Vuex。尽管将更多状态添加到 Vuex 中可以使状态 mutation 更明确，并且更容易调试，但有时它也会使代码更冗长和间接。如果一个状态严格属于单个组件，那么可以将其保留为本地状态。对于不同的组件可以权衡取舍。

9.3 Vuex 中的 getter

9.3.1 仓库的 getter

有时在开发中可能需要根据仓库状态来计算派生状态，此时如果需要使用多个组件，则必须复制该函数，或者将其提取到共享 helper 中然后将其导入多个位置，这两种方法都比较复杂。Vuex 则允许在仓库中定义 getter，类似于视为仓库的计算属性，如例 9-5 所示。

【例 9-5】 在仓库中定义 getter

```
const store = createStore({
  state: {
    todos: [
      { id: 1, text: '...', done: true },
    ]
  },
  getters: {
    doneTodos (state) {
      return state.todos.filter(todo => todo.done)
    }
  }
})
```

9.3.2 属性式访问

getter将存储在store.getters对象上，可以作为属性访问它的值。getter还可以接收其他getter作为第二个参数，如例9-6所示。

【例9-6】 属性式地使用getter

```
getters: {
  // ...
  doneTodosCount (state, getters) {
    return getters.doneTodos.length
  }
}

store.getters.doneTodos // -> [{ id: 1, text: '...', done: true }]

//现在可以在任何组件中使用它
computed: {
  doneTodosCount () {
    return this.$store.getters.doneTodosCount
  }
}
```

9.3.3 方法式访问

除了属性式访问，还可以通过返回函数将参数传递给getter。当需要查询仓库中的数组时，将十分高效，如例9-7所示。

【例9-7】 方法式地使用getter

```
getters: {
  // ...
  getTodoById: (state) => (id) => {
    return state.todos.find(todo => todo.id === id)
  }
}

store.getters.getTodoById(1) // -> { id: 1, text: '...', done: true }
```

需要注意的是，通过方法式访问的getter会在每次调用它们时运行，并且结果不会被缓存。

9.3.4 mapGetter的使用

mapGetter可以简单地将仓库getter映射到本地计算属性，如果要将getter映射到其他名称，可以使用对象，如例9-8所示。

【例9-8】 mapGetter的使用

```
export default {
  computed: {
```

```
    ...mapGetters([
      doneCount: 'doneTodosCount',
      'anotherGetter',
    ])
  }
}
```

9.4 Vuex 中的 mutation

9.4.1 mutation 的有效负载

在提交 mutation 时，可以将另一个参数传递给 store.commit，称为 mutation 的有效负载。在大多数情况下，有效负载可以是一个对象，以便包含多个字段，并且记录的 mutation 也将更详细，如例 9-9 所示。

【例 9-9】 mutation 的有效负载

```
// 一个参数的写法
mutations: {
  increment (state, n) {
    state.count += n
  }
}
store.commit('increment', 10)
// 传递对象的写法
mutations: {
  increment (state, payload) {
    state.count += payload.amount
  }
}
store.commit('increment', {
  amount: 10
})
```

9.4.2 通过对象提交

提交 mutation 的另一种方法是直接使用具有 type 属性的对象，使用对象提交时，整个对象将作为有效负载传递给 mutation 处理程序，因此处理程序保持不变，如例 9-10 所示。

【例 9-10】 通过对象提交 mutation

```
mutations: {
  increment (state, payload) {
    state.count += payload.amount
  }
}
store.commit({
  type: 'increment',
```

```
    amount: 10
  })
```


9.4.3 mutation 的同步

在使用 mutation 时，一个重要的规则是 mutation 的处理函数必须是同步的，因为处理函数回调中执行的任何状态 mutation 是不可追踪的。

异步与状态 mutation 结合会使代码难以推理。例如，当同时使用两个使状态发生变化的异步回调来调用两个方法时，无法知道它们何时被调用以及哪个回调首先被调用。因此，在 Vuex 中，mutation 是同步事务，为了处理异步操作，需要使用动作 action。

9.5 Vuex 中的 action

9.5.1 action 的基本使用

action 类似 mutation，不同之处在于 action 不会改变状态，而是执行改变，同时 action 可以包含任意异步操作。action 的使用如例 9-11 所示。

【例 9-11】 action 的基本使用

```
const store = createStore({
  state: {
    count: 0
  },
  mutations: {
    increment (state) {
      state.count++
    }
  },
  actions: {
    increment (context) {
      context.commit('increment')
    }
  }
})
```

action 的处理程序会收到一个上下文对象，该对象在仓库实例上有相同的方法或属性集，因此可以调用 context.commit 来提交一个 mutation，或者通过 context.state 和 context.getters 访问状态和 getter。

9.5.2 调度 action

通过 store.dispatch 方法可以触发 action，因为 mutation 必须是同步的，但 action 不是，可以在一个 action 中执行异步操作，如例 9-12 所示。

【例 9-12】 调度 action

```
store.dispatch('increment')
actions: {
  incrementAsync ({ commit }) {
    setTimeout(() => {
      commit('increment')
    }, 1000)
  }
}
```

action 同样支持有效负载和对象式的写法，如例 9-13 所示。

【例 9-13】 调度 action（支持有效负载和对象式的写法）

```
// 有效负载
store.dispatch('incrementAsync', {
  amount: 10
})

// 对象式
store.dispatch({
  type: 'incrementAsync',
  amount: 10
})
```

9.5.3 组成 action

action 通常是异步的，那么了解 action 的时机，以及将多个 action 组合在一起以处理更复杂的异步流将会是一个难题。

首先要知道的是，store.dispatch 可以处理由触发的 action 处理程序返回的 Promise，并且还可以返回 Promise。因此，通过使用 async 或 await，可以编写多个 action，如例 9-14 所示。

【例 9-14】 组合 action

```
actions: {
  actionA ({ commit }) {
    return new Promise((resolve, reject) => {
      setTimeout(() => {
        commit('someMutation')
        resolve()
      }, 1000)
    })
  }
}
store.dispatch('actionA').then(() => {})
// 在另一个动作中
```

```
actions: {
  actionB ({ dispatch, commit }) {
    return dispatch('actionA').then(() => {
      commit('someOtherMutation')
    })
  }
}
//使用 async 与 await
actions: {
  async actionA ({ commit }) {
    commit('gotData', await getData())
  },
  async actionB ({ dispatch, commit }) {
    await dispatch('actionA') // wait for 'actionA' to finish
    commit('gotOtherData', await getOtherData())
  }
}
```

9.6 Vuex 中的模块

由于使用单状态树,因此应用的所有状态都包含在一个对象内。但是,随着应用规模的扩大,仓库可能会因此变得庞大。

为了解决这个问题,Vuex 允许将仓库划分为多个模块,每个模块可以包含其自己的状态,mutation、action、getter,甚至是嵌套模块。

在模块 mutation 和 getter 内部,接收到的第一个参数将是模块的本地状态。模块 getter 内部,根状态是第三个参数,如例 9-15 所示。

【例 9-15】 模块的使用

```
const moduleA = {
  state: () => ({
    count: 0
  }),
  mutations: {
    increment (state) {
      // 'state' is the local module state
      state.count++
    }
  },
actions: {
    incrementIfOddOnRootSum ({ state, commit, rootState }) {
      if ((state.count + rootState.count) % 2 === 1) {
        commit('increment')
      }
    }
  },
```

```
    getters: {
      sumWithRootCount (state, getters, rootState) {
        return state.count + rootState.count
      }
    }
  }
  const moduleB = {
    state: () => ({ ... }),
    mutations: { ... },
    actions: { ... }
  }

  const store = createStore({
    modules: {
      a: moduleA,
      b: moduleB
    }
  })

  store.state.a // -> 'moduleA''s state
  store.state.b // -> 'moduleB''s state
```

在模块 action 内部，本地状态可以通过 context. state 获取，而根状态可以通过 context. rootState 获取。

9.7 本章小结

本章介绍了 Vuex 和状态管理的有关内容，Vuex 是 Vue 的状态管理模式+库。它作为应用中所有组件的集中仓库，确保只能以可预测的方式更改状态。Vuex 的基本思想是通过定义和分离状态管理中涉及的概念，并执行保证视图和状态之间独立性的规则，为代码提供更多的结构和高维护性。在构建中型到大型的 SPA 时，Vuex 往往是更好的选择。

仓库 store 是每个 Vuex 应用的核心。仓库就是一个保存应用状态的容器。仓库的状态变更需要通过显式地提交 mutation，以确保每个状态更改都留下可跟踪的记录。

Vuex 的仓库状态使用单个状态树的形式，单个对象包含所有应用的层级状态。这使查找特定状态以及获取当前应用的状态快照都变得容易。但使用 Vuex 并不必须将所有状态都放入 Vuex。如果一个状态严格地属于单个组件，那么可以将其保留为本地状态。

Vuex 中允许在仓库中定义 getter，类似于仓库的计算属性，用于在开发中根据仓库状态来计算派生状态。

Vuex 中提供了 mutation，它处理函数必须是同步的。可以通过有效负载和对象的形式提交 mutation。为了处理异步操作，需要使用动作 action。action 不会改变状态，而是执行改变，同时 action 可以包含任意异步操作。action 同样支持有效负载和对象式的写法。

Vuex 允许将仓库划分为模块，用于解决随着应用规模扩大，仓库因此变得庞大的问题。每个模块可以包含其自己的状态，mutation、action、getter，甚至是嵌套模块。

9.8 练　习　题

一、填空题

1. Vuex 是 Vue 的________。

2. 每个 Vuex 应用的核心都是________。

3. 在 Vuex 中存储的数据遵循与 Vue 实例中的数据________的规则，即状态对象必须是纯文本。

4. 为了解决一个组件需要使用多个仓库状态属性或 getter 函数时，声明所有这些计算属性可能会变得重复和冗长这一问题，可以利用________生成 getter 函数。

5. ________可以简单地将仓库 getter 映射到本地计算属性。

二、单选题

1. Vuex 的基本思想是通过定义和分离状态管理中涉及的概念，并执行保证视图和状态之间独立性的规则，可以为代码提供更多的(　　)。

A. 结构和高可读性　　B. 结构和高维护性

C. 状态和高可读性　　D. 状态和高维护性

2. 创建 Vuex 仓库，只需要提供一个初始状态对象和一些(　　)。

A. state　　B. getter　　C. mutation　　D. action

3. Vuex 中允许在仓库中定义(　　)，类似于视为仓库的计算属性。

A. state　　B. getter　　C. mutation　　D. action

4. (　　)可以包含任意异步操作。

A. state　　B. getter　　C. mutation　　D. action

5. Vuex 允许将仓库划分为模块。每个模块可以包含其自己的状态，mutation、action、getter，甚至是嵌套模块。在模块(　　)和(　　)内部，接收到的第一个参数将是模块的本地状态。模块(　　)内部，根状态是第三个参数。

A. mutation　action　getter　　B. getter　action　action

C. mutation　getter　getter　　D. mutation　getter　嵌套模块

三、判断题

1. Vuex 作为应用中所有组件的集中仓库，确保只能以可预测的方式更改状态。(　　)

2. 传递 props 可以用一种很烦琐的方式解决深度嵌套组件的情况，同时对同级组件起作用。(　　)

3. 在构建中型到大型的 SPA 时，很可能会遇到处理 Vue 组件外部状态的情况，而 Vuex 将是更好的选择。(　　)

4. getter 将存储在 store.getters 对象上，可以作为属性访问它的值。getter 还可以接收其他 getter 作为第二个参数。(　　)

5. Action 的处理程序会收到一个上下文对象，该对象在仓库实例上具有唯一性。(　　)

四、问答题

1. 仓库的状态如何更改？为什么选择这种方法？
2. 通过方法访问的 getter 的运行时机是什么？有什么需要注意的？
3. 在模块的 getter 内部，参数分别代表什么？

第10章　Vue项目的搭建与部署

视频讲解

10.1　项目目录介绍

现在，完善了路由与Vuex方面的知识之后，可以新建一个项目，并在自定义配置中勾选vue-router与Vuex的选项。打开初始化后的项目，可以发现里面已经存在一些脚手架自动搭建的文件和文件夹，如图10-1所示。

10.1.1　dist文件夹

dist文件夹由npm run build生成，是项目的生产版本，项目完成后，交付该文件夹即可。在dist文件夹下，有css、img与js文件夹，如图10-2所示。

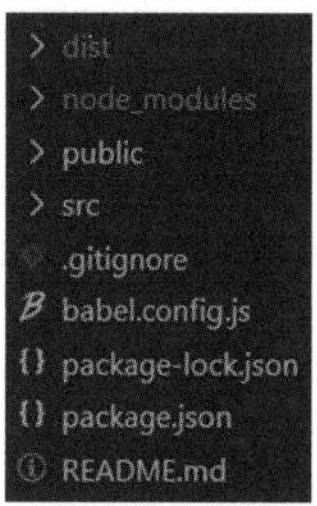

图10-1　项目的目录结构

图10-2　dist的目录结构

文件夹中分别存放有css、js与图片文件，其中文件名中无意义的字符串是随机生成的，是为了让文件名发生变化以便部署，方便Nginx服务器重新对该文件进行缓存。app.css是编译后的CSS文件，app.js是核心的JS文件，打包代码逻辑。.map文件非常重要，浏览器可以先下载整个.js文件，然后通过.map文件部分加载文件。这个文件夹应该加入.gitignore中，因为每次编译这里的文件都会改变。

10.1.2　node modules文件夹

node项目往往会使用很多第三方包，通过命令$ npm install可以自定义安装第三方包，同时，所有在package.jaon中定义的第三方包也会被自动下载，保存在node modules文件夹下。因此，往往node modules文件夹中的内容有很多，也应该加入.gitignore中，在复制后可以通过$ npm install再次自动导入第三方包。

10.1.3 src 文件夹

src 文件夹是核心代码和工作空间的所在目录，展开后如图 10-3 所示。

assets 文件夹用于存放图片、音频、视频等资源。components 文件夹用于存放视图和组件，是开发的核心。router/index.js 用于配置项目前端路由，定义了页面对应的 URL(Uniform Resource Locator，统一资源定位器)。App.vue 是 Vue CLI(Command-Line Interface，命令行界面)默认创建的项目根组件，所有的其他页面都从根组件进行延伸。main.js 是 webpack 的入口文件，支撑 Vue 框架。

图 10-3　src 的目录结构

10.2 前端页面开发

10.2.1 Vue 文件

在脚手架搭建项目的过程中编写了一些文件，许多文件都很有代表性，可以用作实际开发中的样本。例如，HelloWorld.vue 文件就是一个较为标准的 Vue 单页面，如例 10-1 所示。

【例 10-1】 HelloWorld.vue 文件

```
<template>
  <div class="hello">
    <h1>{{ msg }}</h1>
    <p>
      For a guide and recipes on how to configure / customize this project,<br>
      check out the
       <a href="https://cli.vuejs.org" target="_blank" rel="noopener">vue-cli
documentation</a>.
    </p>
    <h3>Installed CLI Plugins</h3>
    <ul>
      <li>...</li>
    </ul>
    <h3>Essential Links</h3>
    <ul>
      <li>...</li>
    </ul>
    <h3>Ecosystem</h3>
    <ul>
      <li>...</li>
    </ul>
  </div>
</template>
<script>
```

```
export default {
  name: 'HelloWorld',
  props: {
    msg: String
  }
}
</script>
<style scoped lang="scss">
h3 {
  margin: 40px 0 0;
}
ul {
  list-style-type: none;
  padding: 0;
}
li {
  display: inline-block;
  margin: 0 10px;
}
a {
  color: #42b983;
}
</style>
```

一个标准的 Vue 文件包含 HTML、JavaScript 和 CSS 三部分。Vue CLI 采用关注点分离的开发方式,更适合组件化的开发。<script>标签中的内容为 JavaScript 下的 Vue 组件;template 标签中的内容为 HTML 下的组件的 DOM 结构;<style>标签中的内容为 CSS 样式表,scoped 属性表示 CSS 的作用域仅限当前组件。在每个 Vue 文件的<script>中,都会存在 export default{}以导出 Vue 组件,方便其他文件引用这部分代码。

在 script 标签中可以通过箭头表示函数,好处是强制定义了作用域,可以避免很多由作用域产生的问题。

10.2.2 导入 import

import 可以用于导入外部代码或包,例如,在路由中就通过 import{createRouter, createWebHashHistory}from 'vue-router'与 import Home from '../views/Home.vue'分别导入了 vue-router 中的方法以及 home 组件。

在 from 后的字符串开始处添加@符号,可以在本地文件系统中引入文件。@代表源代码目录,一般情况下是 src 文件夹。除了@,也会使用../或./等相对路径的方式引入。

10.3 打包与部署

10.3.1 项目打包

使用以下命令可以对项目内容进行打包:

```
npm run build
```

在执行完命令后，会生成 dist 文件夹，在前面已经介绍过，如图 10-2 所示。应用模式是默认的构建模式，这时 index. html 会带有注入的资源和 resource hint，第三方库会被分到一个独立包以便更好地缓存，小于 4KB 的静态资源会被内联在 JavaScript 中，public 中的静态资源会被复制到输出目录中。除此之外，还可以通过--target 选项指定不同的构建目标，允许将相同的源代码根据不同的用例生成不同的构建。

除了应用模式，还可以使用库模式，通过下面的命令可以将一个单独的入口构建为一个库：

```
npm run build -- target lib -- name myLib [entry]
```

该入口可以是一个 JavaScript 或一个 Vue 文件。如果没有指定入口，则会使用 src/App. vue。

需要注意的是，在库模式中 Vue 是外置的，因此即便在代码中导入了 Vue，包中也不会有 Vue。如果这个库会通过一个打包器使用，它将尝试通过打包器以依赖的方式加载 Vue，否则就会回退到一个全局的 Vue 变量。可以在 build 命令中添加--inline-vue 选项以避免这种情况。

类似库模式，同样可以通过选项构建 Web Components 版本，可以通过下面的命令将一个单独的入口构建为一个 Web Components 组件：

```
npm run build -- target wc -- name my - element [entry]
```

这里的入口应该是一个 Vue 文件。Vue CLI 会把这个组件自动包裹并注册为 Web Components 组件，不再需要在 main. js 里注册。在 Web Components 模式中，Vue 同样是外置的，包会假设在页面中已经有一个可用的全局变量 Vue。

如果要在 Web Components 组件的目标中使用 Vuex，还需要在 App. vue 中初始化仓库 store，如例 10-2 所示。

【例 10-2】 在 Web Components 中使用 Vuex

```
import store from './store'

export default {
  store,
  name: 'App',
}
```

10.3.2 项目部署

对于项目的部署，如果使用 Vue CLI 处理静态资源并和后端框架一起部署，那么只需要确保生成的构建文件在正确的位置即可。

如果独立于后端，单独部署前端应用。那么可以将 dist 目录里构建的内容部署到服务器中，并确保正确的 publicPath。publicPath 是部署应用包时的基本 URL，用法等同于

webpack 的 output. publicPath，但 Vue CLI 在一些其他地方也需要用到这个值，所以应始终使用 publicPath。

当使用路由的 history 模式时，需要注意此时的后台配置。虽然通过 history. pushState API 可以实现无须重新加载页面的 URL 跳转，但是如果是单页客户端应用，用户直接访问 URL 时就会返回 404。所以还需要在服务端增加一个覆盖所有情况的候选资源。当 URL 匹配不到静态资源时返回同一个 index. html 页面，也就是 App 依赖的页面，如例 10-3 所示。

【**例 10-3**】 使用根目录时的后端配置方法

```
// nginx
location / {
  try_files $uri $uri/ /index.html;
}

//原生 Node.js
const http = require('http')
const fs = require('fs')
const httpPort = 80

http.createServer((req, res) => {
  fs.readFile('index.html', 'utf-8', (err, content) => {
    if (err) {
      console.log('We cannot open "index.html" file.')
    }

    res.writeHead(200, {
      'Content-Type': 'text/html; charset=utf-8'
    })

    res.end(content)
  })
}).listen(httpPort, () => {
  console.log('Server listening on: http://localhost:%s', httpPort)
})
```

10.3.3 通过 GitHub Action 自动部署

在传统的部署流程中，需要在打包项目后，上传 dist 文件夹到服务器，再配置好 nginx。如果代码经过了多次修改，这样的过程难免会显得有些烦琐，希望寻求自动化的方式处理这一过程。通过 GitHub Actions 可以实现代码同步与部署的自动过程，这里以 Ubuntu 系统的 nginx 服务器为例介绍配置方法。

首先需要在项目中配置 GitHub Actions 的 workflow。在项目根目录下创建. github/workflows 文件夹，并在其中创建一个 YML 文件，用于编写 action 的步骤，YML 文件中的内容如例 10-4 所示。

【例 10-4】 YML 文件中编写 GitHub Actions

```
name: 打包应用并部署

on:
  push:
    branches:
      - main

jobs:
  build:
    runs-on: ubuntu-20.04
    steps:
      - name: 获取代码
        uses: actions/checkout@main

      - name: 安装 node
        uses: actions/setup-node@v1
        with:
          node-version: 14.0.0

      - name: 安装依赖
        run: npm install

      - name: 项目打包
        run: npm run build

      - name: 发布到服务器
        uses: easingthemes/ssh-deploy@v2.1.1
        env:
          # 私钥
          SSH_PRIVATE_KEY: ${{ secrets.PRIVATE_KEY }}
          # scp 参数
          ARGS: "-avz --delete"
          # 源目录
          SOURCE: "dist"
          # 服务器 IP(写入自己服务器的 IP 地址)
          REMOTE_HOST: " "
          # 用户
          REMOTE_USER: "root"
          # 目标地址
          TARGET: "/root/vue-web"
```

其中，branches 指定了触发 action 的分支，当代码被推送入 main 分支时，将会触发 action 开始运行。runs-on 指定了 job 任务运行时的虚拟机环境，是必填字段，也可以选择如-latest 的版本选项。使用 action 库中的 actions/checkout 获取源码，推荐安装高于 14.0.0 版本的 node.js。出于保密与安全性的考虑，不建议直接将私钥写在 YML 文件中，可以通过在 GitHub 项目中的 secrets 填写私钥的方式，在部署过程中通过 GitHub 获取，如图 10-4 所示。

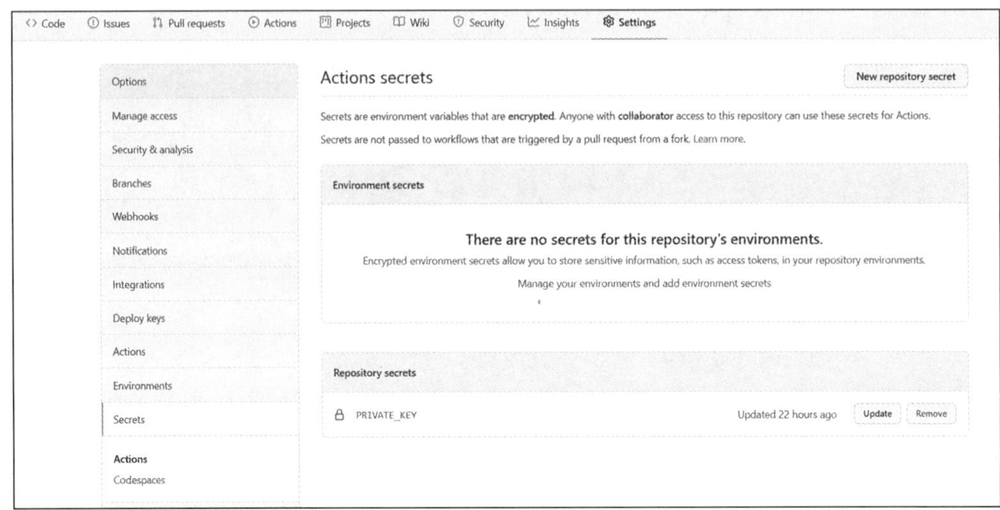

图 10-4　在 GitHub 项目中设置私钥

在 GitHub 的项目页面，选择 Settings→Secrets→New repository secret 命令，填写名称与私钥内容并保存。私钥可从～/. ssh/id_rsa 文件中获取，名称则需与 YML 文件中的保持一致。

随后，登录服务器，并确保已经完成 nginx 的配置，进入/etc/nginx/sites-enabled 文件夹，新建一个项目配置文件，以 vue-web 为例，在其中添加配置，如例 10-5 所示。

【例 10-5】 配置 vue-web

```
server {
    listen 8080;
    server_name ip;
    location / {
        root /root/vue-web/dist/;
        index index.html index.htm;
    }
}
```

其中，需要将 ip 替换为服务器 IP 地址，并确保 root 的地址与 YML 文件中的 TARGET 保持一致。最后，使用以下代码重启 nginx：

```
nginx -s reload
```

通过 git push 指令推送代码到 main 分支后，将会触发 workflow，进入项目的 Actions 页面可以查看具体状态，如图 10-5 所示。

进入服务器中与 YML 中设置的 TARGET 对应的目录，可以看到 dist 文件夹已经被部署到服务器中。由于此处只上传了 Vue 初始项目，所以 dist 文件夹中的内容较少，文件夹中的内容如图 10-6 所示，其中 js 文件夹中的内容如图 10-7 所示。

build
succeeded 30 seconds ago in 47s
Set up job
获取代码
安装node
安装依赖
项目打包
发布到服务器
Post 获取代码
Complete job

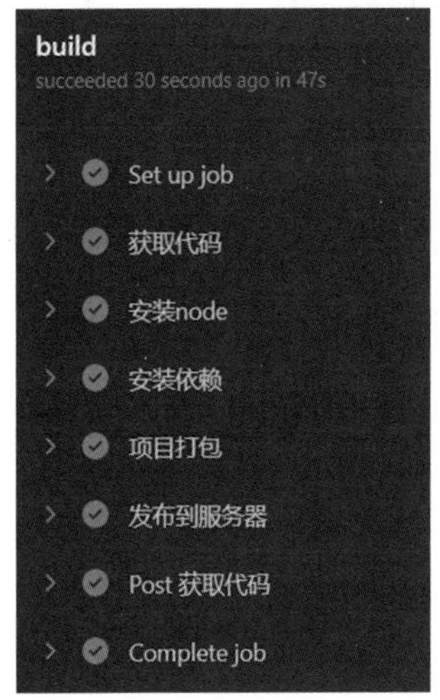

图 10-5　GitHub Action 全部完成的状态

css favicon.ico img index.html js

图 10-6　dist 文件夹中的内容

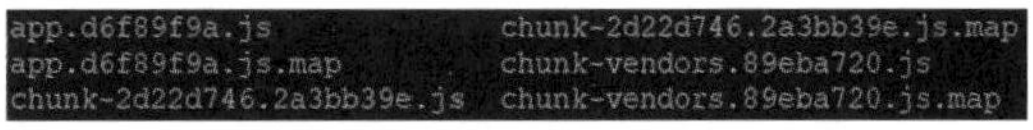

app.d6f89f9a.js
app.d6f89f9a.js.map
chunk-2d22d746.2a3bb39e.js
chunk-2d22d746.2a3bb39e.js.map
chunk-vendors.89eba720.js
chunk-vendors.89eba720.js.map

图 10-7　js 文件夹中的内容

完成之后，就可以通过服务器 IP 地址的 8080 端口访问网站了。

10.4　本章小结

本章介绍了项目的目录结构、前端开发、项目的打包与部署。

在项目目录中，主要的文件夹有 dist、src、public、node_modules 等。dist 文件夹是项目构建后的产物，项目完成后，交付 dist 即可。src 则是开发中主要使用的文件夹，其中有存放资源的 assets 文件夹、存放视图和组件的 components 文件夹、配置前端路由的 router/index.js 等。node modules 文件夹下保存了项目使用的第三方包。public 文件夹提供了一个应急手段，可以将静态资源不经过 webpack，只进行简单复制。当需要动态引用图片或库与 webpack 不兼容时将会十分有效。

在部署项目时，需要确保正确的 publicPath。对于使用 history 模式的路由还需要注意在服务端配置候选资源以避免 404 的情况。

10.5　练　习　题

一、填空题

1. dist 文件夹由________生成。
2. node 项目往往会使用很多第三方包，通过命令________可以自定义安装第三方包。
3. assets 文件夹用于存放________、________、________等资源。
4. components 文件夹用于存放________和________，是开发的________。
5. 一个标准的 vue 文件包含________、________和________三个部分。

二、单选题

1. style 标签中的内容为(　　)。

　A. CSS 样式表　　　　　　　　B. JS 下的 Vue 组件

C. HTML 下的组件的 DOM 结构　　D. 代码风格解释

2. 以下(　　)文件夹用于存放开发中的资源。

A. assets　　B. components　　C. node modules　　D. public

3. 将一个单独的入口构建为一个库时,这个入口可以是一个(　　)文件。

A. js　　B. css　　C. py　　D. c

4. public 文件夹提供了一个应急手段,可以将静态资源不经过(　　),只进行简单复制。

A. components　　B. webpack　　C. dist　　D. src

5. 以下(　　)文件夹不在 dist 的根目录下。

A. css　　B. img　　C. js　　D. yml

三、判断题

1. Vue CLI 采用关注点分离的开发方式,不适合组件化的开发。　(　　)

2. 使用以下命令可以对项目内容进行打包:nginx -s reload。　(　　)

3. 为了方便使用,建议直接将私钥写在 yml 文件中。　(　　)

4. @代表源代码目录,一般情况下是 img 文件夹。　(　　)

5. package.jaon 中定义的第三方包会被自动下载,保存在 components 文件夹下。　(　　)

四、问答题

1. 项目打包后生成的文件夹是哪个? 部署时需要交付哪些文件夹?

2. 简要说明 src 文件夹中各个文件以及文件夹的作用。

3. 打包时如何指定不同的构建目标?

第11章 实战项目：制作面向知识传播的社区论坛

11.1 项目目标

由于新冠疫情等原因的影响，线上学习成为趋势。为了打破距离的隔阂，方便更多人在线学习，希望建设一个面向知识传播的社区论坛，主要实现以下功能。

(1) 作为老师登录后，可以建立一门课程，并管理选课的学生，然后上传课程的视频。

(2) 作为学生登录后，可以看到所选课程中老师上传的所有视频列表，可以在线点播视频。

(3) 每门课程有对应课程的讨论社区，老师可以批量或者单独把选课学生拉入已创建好的圈子，也可以把助教等人员拉入圈子。老师可以建立圈子的规则，也可以把某些重要的帖子设为精华或置顶，还可以删除一些水贴。

(4) 不在课程中的学生可以申请加入圈子，老师/助教进行审核是否允许加入。进入圈子的学生可以查看内容，也可以发布帖子提出问题。

11.2 项目搭建

首先，新建一个文件夹，并使用下面的命令创建一个新的 Vue 3.0 项目，在自动化构建的选项中选择安装 router 与 Vuex：

```
vue create project
```

这里使用 Element-plus 帮助构建视图，视图的样式可以访问官网 https://element-plus.gitee.io/查看，使用 axios 完成前后端的数据传输。另外，由于是网课平台，还需要支持视频播放功能，因此需要 video.js 与 vue-video-player 组件。在终端中，通过 npm 引入这些依赖：

```
npm install - save element - plus axios video.js vue - video - player
```

在 main.js 中，引入 Element-plus、axios、video.js 与 vue-video-player。另外，Element-plus 组件内部默认使用英语。Element-plus 直接使用了 Day.js 项目的时间和日期国际化设置，并且会自动全局设置已经导入的 Day.js 国际化配置。通过多语言设置，可以更改为中文环境。main.js 的配置如例 11-1 所示。项目的目录结构如图 11-1 所示。

【例 11-1】 main.js 中的项目配置

```
import { createApp } from "vue";
import App from "./App.vue";
import "es6-promise/auto";
import router from "./router";
import store from "./store";
import axios from "axios";
import VueAxios from "vue-axios";
import Video from 'video.js'
import VideoPlayer from 'vue-video-player'
import 'video.js/dist/video-js.css'
import ElementPlus from "element-plus";
import "element-plus/lib/theme-chalk/index.css";
import "dayjs/locale/zh-cn";
import locale from "element-plus/lib/locale/lang/zh-cn";

axios.defaults.baseURL = '/api'
createApp(App)
  .use(ElementPlus, { locale })
  .use(store)
  .use(router)
  .use(VideoPlayer)
  .use(VueAxios, axios)
  .mount("#app");
```

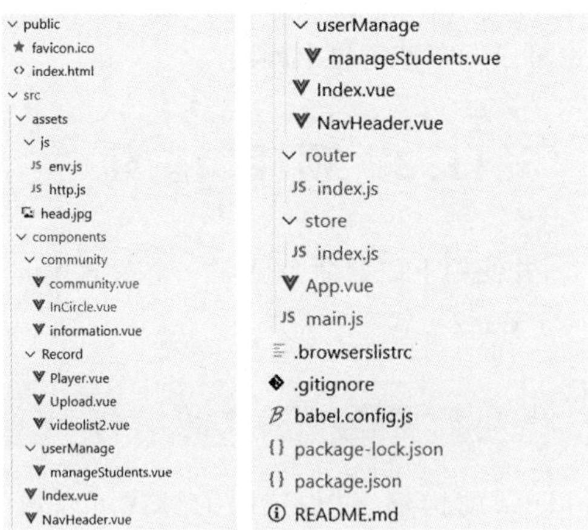

图 11-1　项目的目录结构

然后，需要完成路由配置，由于许多页面是嵌套在圈子社区中的，因此路由中仅需要暴露所有课程、单个课程页面和播放页面即可，其他页面可从这 3 个主页面的组件中进入。路由设置放在 router 目录下的 index.js 中，如例 11-2 所示。

【例 11-2】 项目路由配置

```
import { createRouter, createWebHashHistory } from "vue-router";
import Community from "../components/community/community.vue"
```

```
import InCircle from "../components/community/InCircle.vue"
import Player from '../components/Record/Player'


const routes = [
  {
    path: '/player',
    name: 'player',
    component: Player
  },
  {
    path: "/community",
    name: "Community",
    component: Community,
  },
  {
    path: "/incircle",
    name: "inCircle",
    component: InCircle,
  },
];

const router = createRouter({
  history: createWebHashHistory(),
  routes,
});

export default router;
```

同样，除了路由还需要配置 Vuex 的仓库，放在 store 目录下的 index.js 中。这里还使用了 vuex-persistedstate 插件，通过 npm 安装到环境中即可。具体的 store 配置如例 11-3 所示，包括存放用户的状态、是否登录、私信个数等。

【例 11-3】 Vuex 仓库配置

```
import { createStore } from "vuex";
import createPersistedState from "vuex-persistedstate";

export default createStore({
  state() {
    return {
      userInfo: null, //用户状态集合
      isLogin: false, //用户是否登录
      messageNum: 0,
    };
  },
  mutations: {
    setUserInfo(state, userInfo) {
      (state.userInfo = userInfo), (state.isLogin = true);
```

```
    },
    setMessageNum(state, num) {
      state.messageNum = num;
    },
  },
  actions: {},
  modules: {},
  plugins: [createPersistedState({ storage: window.sessionStorage })],
});
```

将 axios 的 proxyTable 中的 target 修改为后端服务器地址后，就可以开始编写前端页面了。

11.3 编写前端页面

11.3.1 顶部导航栏

首先，由于页面都需要顶部导航栏，因此先完成顶部导航栏的编写。在 Element-plus 中提供了许多导航栏的样式，通过< el-menu >来使用导航栏。在导航栏中设置好社区论坛、退出登录、私信等链接即可。通过设置 index 属性为指定的组件名，可以指定跳转的页面。导航栏的具体代码如例 11-4 所示。受限于篇幅，与样式相关的 CSS 代码将会在正文中省略，具体可以自行设置或参考 Element-plus 官网。

【例 11-4】 NavHeader 组件

```
<template>
  <div class="nav-header-container">
    <el-menu
      :default-active="route.path"
      class="el-menu-demo"
      mode="horizontal"
      @select="handleSelect"
      active-text-color="#ffd04b"
      router
    >
      <el-menu-item index="/community" style="font-size: 23px"
        >社区论坛</el-menu-item
      >
      <el-menu-item
        index="/manageTea"
        style="font-size: 23px"
        v-if="userInfo.usertype == 'admin'"
        >审核教师申请</el-menu-item
      >
      <el-menu-item class="logout-btn" index="/" style="font-size: 23px"
        >退出登录</el-menu-item
      >
```

```
        <el-menu-item style="font-size: 23px;float: right;font-size:20px" class="user">{{
          userInfo.username
        }}</el-menu-item>
        <el-menu-item index="/information" class="msg">
          <i class="el-icon-message"
            ><el-badge
              v-if="messageNum != 0"
              :value="messageNum"
              class="item"
            ></el-badge
          ></i>
        </el-menu-item>
      </el-menu>
    </div>
</template>
const index = new Set(['/community'])
<script>
import {
  computed,
  reactive,
  toRefs,
  getCurrentInstance,
  onMounted,
} from "vue";
import { useRouter, useRoute } from "vue-router";
import { useStore } from "vuex";

export default {
  name: "NavHeader",
  setup() {
    const { ctx } = getCurrentInstance();
    const axios = ctx.axios;
    const route = useRoute();
    // const $route = unref(ctx.$router.currentRoute);
    const store = useStore();

    const data = reactive({ activeIndex: "1", search_inf: "", infNum: 0 });

    const userInfo = computed(() => store.state.userInfo);

    const messageNum = computed(() => store.state.messageNum);

    onMounted(() => {
      axios({
        method: "post",
        url: "/getmessagenum",
        headers: { token: userInfo.token },
      }).then((res) => {
        if (res.data.code == 1001) {
```

```
            data.infNum = res.data.data;
            store.commit("setMessageNum", res.data.data);
          } else {
            store.commit("setMessageNum", 0);
          }
        });
      });

      const handleSelect = (key, keyPath) => {
        console.log(key, keyPath);
      };

      return {
        ...toRefs(data),
        handleSelect,
        messageNum,
        userInfo,
        route,
        axios,
        store,
        ctx,
      };
    },
  };
</script>
```

11.3.2 课程列表页

课程列表页面展示了已加入圈子和系统中的所有圈子，当前用户为老师时，他已创建的课程圈子如图 11-2 所示，页面右下角还有用于创建课程圈子的按钮。

图 11-2 课程列表页

已加入圈子和所有圈子的标签区分使用了 Element-plus 中的< el-tabs >，支持通过标签来切换不同的子页面。页面整体的布局排列主要用< el-row >与< el-col >，也就是行列块的形式定位。每行块可以分为 24 列，通过：span 属性来指定列 0～24 的宽度，通过：offset 属性来指定列的偏移量。

对于老师而言，页面右下角会有一个用于创建课程的按钮；对于普通用户而言，会有一个用于认证成为老师的按钮。单击相应的按钮后，会弹出对话框，如图 11-3 和图 11-4 所示。

创建课程圈子

课程名称 请输入课程名称

课程简介 请输入课程简介 0/300

社区规则 请输社区规则（非必填） 0/300

创建课程 取消创建

图 11-3 创建课程的对话框

图 11-4 教师认证的对话框

创建课程或教师认证的对话框使用 Element-plus 中的< el-dialog >来实现，通过设置 title 属性，可以在对话框中加入标题，如创建课程圈子或教师认证窗口。对话框的弹出通过 v-model 绑定的属性值来进行判断，如 VisibleConfirm 值的 true 或 false 决定了是否显示教师认证窗口。在< el-dialog >中嵌套了< el-form >用于记录用户提交的信息，并保存在 JavaScript 对象中。具体的代码如例 11-5 所示。

【例 11-5】 课程列表页

```
<template>
  <navbar />
  <div class = "community - container">
    <el - container>
```

```
      <el-main>
        <!-- 圈子内容 -->
        <el-row class="community-body">
          <el-tabs type="border-card">
            <el-tab-pane label="已加入圈子">
              <el-row style="min-width:1100px">
                <el-col
                  :span="6"
                  class="community-list"
                  v-for="(item, index) in alreadyJoinCommunity"
                  :key="index"
                >
                  <div class="community-content" @click="seeCommunity(item)">
                    <el-row :gutter="5">
                      <el-col :span="9" style="border-right:1px solid #C0C4CC">
                        <img
                          src="../../assets/head.jpg"
                          style="height: 60px;width: 60px;border-radius: 30px"
                        />
                      </el-col>
                      <el-col :offset="1" :span="14">
                        <el-row
                           style="border-bottom:1px solid #C0C4CC;height: 40%;padding-
bottom: 5px;padding-top:1px"
                        >
                          {{ item.name }}
                        </el-row>
                        <el-row
                          style="height: 60%;padding-top: 5px;padding-top:1px;padding-
right: 5px"
                        >
                          <font size="1">圈子简介:{{ item.detail }}</font>
                        </el-row>
                      </el-col>
                    </el-row>
                  </div>
                </el-col>
              </el-row>
            </el-tab-pane>
            <el-tab-pane label="所有圈子">
              <el-row style="min-width:1100px">
                <el-col
                  :span="6"
                  class="community-list"
                  v-for="(item, index) in allCommunity"
                  :key="index"
                >
                  <div class="community-content" @click="seeCommunity(item)">
                    <el-row :gutter="5">
```

```
                  <el-col :span="9" style="border-right:1px solid #C0C4CC">
                    <img
                      src="../../assets/head.jpg"
                      style="height: 60px;width: 60px;border-radius: 30px"
                    />
                  </el-col>
                  <el-col :offset="1" :span="14">
                    <el-row
                       style="border-bottom:1px solid #C0C4CC;height: 40%;padding-
bottom: 5px;padding-top:1px"
                    >
                      {{ item.name }}
                    </el-row>
                    <el-row
                      style="height: 60%;padding-top: 5px;padding-top:1px;padding-
right: 5px"
                    >
                      <font size="1">圈子简介:{{ item.detail }}</font>
                    </el-row>
                  </el-col>
                </el-row>
              </div>
            </el-col>
          </el-row>
        </el-tab-pane>
      </el-tabs>
    </el-row>
    <el-row justify="end">
      <el-col :span="8" :offset="15" style="float:right;margin-top: 30px;">
        <el-button
          v-if="userInfo.usertype == 'student'"
          type="info"
          plain
          @click="identify"
          style="float: inherit;width: 40%;"
          >教师认证</el-button
        >
        <el-button
          v-if="userInfo.usertype == 'teacher'"
          type="info"
          plain
          @click="create"
          style="float: right;width: 40%;"
          >创建课程圈子</el-button
        >
      </el-col>
    </el-row>
  </el-main>
</el-container>
```

```
<!-- 创建课程圈子表单 -->
<!-- :visible.sync = "visibleCreateButton" -->
<el-dialog title = "创建课程圈子" v-model = "visibleCreateButton">
  <el-form ref = "curriculumForm" v-model = "curriculumForm" label-width = "80px">
    <el-form-item label = "课程名称">
      <el-input
        v-model = "curriculumForm.name"
        placeholder = "请输入课程名称"
      ></el-input>
    </el-form-item>
    <el-form-item label = "课程简介">
      <el-input
        type = "textarea"
        :rows = "7"
        v-model = "curriculumForm.detail"
        maxlength = "300"
        show-word-limit
        placeholder = "请输入课程简介"
      >
      </el-input>
    </el-form-item>
    <el-form-item label = "社区规则">
      <el-input
        type = "textarea"
        :rows = "7"
        v-model = "curriculumForm.rule"
        maxlength = "300"
        show-word-limit
        placeholder = "请输入社区规则(非必填)"
      >
      </el-input>
    </el-form-item>
    <el-form-item>
      <el-button type = "info" @click = "onSubmit()">创建课程</el-button>
      <el-button type = "info" plain @click = "visibleCreateButton = false"
        >取消创建</el-button
      >
    </el-form-item>
  </el-form>
</el-dialog>
<!-- 教师提交认证入口 -->
<!-- :visible.sync = "visibleConfirm" -->
<el-dialog title = "教师认证窗口" v-model = "visibleConfirm">
  <el-form
    ref = "curriculumForm"
    v-model = "curriculumForm"
    label-width = "80px"
    inline = "true"
  >
```

```
        <el-row>
          <el-form-item label="教师姓名">
            <el-input
              v-model="teacher.name"
              placeholder="请输入教师姓名"
            ></el-input>
          </el-form-item>
          <el-form-item label="教师工号">
            <el-input
              v-model="teacher.id"
              placeholder="请输入教师工号"
            ></el-input>
          </el-form-item>
        </el-row>
        <el-row style="text-align: center">
          <el-upload
            class="avatar-uploader"
            action="https://jsonplaceholder.typicode.com/posts/"
            :show-file-list="false"
            :on-success="handleAvatarSuccess"
            :before-upload="beforeAvatarUpload"
            :http-request="uploadPhoto"
            style="padding-bottom: 20px"
          >
            <img v-if="teacher.url" :src="teacher.url" class="avatar" />
            <i v-else class="el-icon-plus avatar-uploader-icon"></i>
            <template #tip>
              <div class="el-upload__tip">
                有效证件图片,只能上传 jpg/png 文件
              </div>
            </template>
          </el-upload>
        </el-row>
        <el-row>
          <el-form-item>
            <el-button type="info" @click="onSubmitCon()">提交申请</el-button>
            <el-button type="info" plain @click="visibleConfirm = false"
              >取消</el-button
            >
          </el-form-item>
        </el-row>
      </el-form>
    </el-dialog>
  </div>
</template>

<script>
import navbar from "../NavHeader";
import { computed, reactive, toRefs, onMounted, getCurrentInstance } from "vue";
```

```
import { useRouter, useRoute } from "vue-router";
import { useStore } from "vuex";
import { ElMessage } from "element-plus";
export default {
  name: "community",
  setup() {
    const { ctx } = getCurrentInstance();
    const axios = ctx.axios;
    const route = useRoute();
    const router = useRouter();
    // const $route = unref(ctx.$router.currentRoute);
    const store = useStore();

    const data = reactive({
      visibleCreateButton: false,
      visibleConfirm: false,
      userInfo: null,
      search_inf: "",
      alreadyJoinCommunity: [],
      //创建课程信息表单
      curriculumForm: {
        name: "",       //课程名称
        detail: "",     //课程介绍
        rule: "",       //社区规则
      },
      allCommunity: [],
      applyingCommunity: [],
      teacher: {
        name: "",
        userid: "",
        url: "",
        imageid: "",
      },
    });

    const userInfo = computed(() => store.state.userInfo);

    onMounted(() => {
      // console.log(store.state.userInfo);
      axios({
        method: "post",
        url: "/getCircles",
        headers: { token: userInfo.token },
      }).then((res) => {
        console.log(res);
        if (res.data.code == 1001) {
          (data.alreadyJoinCommunity = res.data.data.teacherList),
            (data.allCommunity = res.data.data.allList);
        } else {
```

```
        ElMessage({
          type: "info",
          message: "获取圈子信息失败",
        });
      }
    });
    data.userInfo = userInfo;
  });

  const create = () => {
    data.visibleCreateButton = true;
  };

  const identify = () => {
    data.visibleConfirm = true;
  };

  const onSubmit = () => {
    if (data.curriculumForm.name == "") {
      ElMessage({
        type: "info",
        message: "请输入课程名称",
      });
      return;
    } else if (data.curriculumForm.introduction == "") {
      ElMessage({
        type: "info",
        message: "请输入课程简介",
      });
      return;
    }
    axios({
      method: "POST",
      url: "/createcourse",
      headers: { token: userInfo.token },
      data: {
        name: data.curriculumForm.name,
        detail: data.curriculumForm.detail,
        rule: data.curriculumForm.rule,
      },
    }).then((res) => {
      if (res.data.code == 1001) {
        ElMessage({
          type: "info",
          message: "创建课程成功",
        });
        data.alreadyJoinCommunity = res.data.data.teacherList;
        data.visibleCreateButton = false;
        console.log(data.alreadyJoinCommunity);
```

```
      } else {
        ElMessage({
          type: "info",
          message: "创建课程失败",
        });
      }
    });
  };

  //查看具体社区圈子内容
  const seeCommunity = (item) => {
    router.push({
      name: "inCircle",
      query: {
        course: item,
      },
    });
  };
  const onSubmitCon = () => {
    if (
      data.teacher.name == "" ||
      data.teacher.id == "" ||
      data.teacher.url == ""
    ) {
      ElMessage({
        type: "info",
        message: "请输入姓名以及工号并且上传有效照片",
      });
      return;
    }
    axios({
      method: "post",
      headers: { token: userInfo.token },
      url: "/applyTeacher",
      data: {
        imageid: data.teacher.imageid,
      },
    }).then((res) => {
      if (res.data.code == 1001) {
        ElMessage({
          type: "info",
          message: "提交成功,等待审核",
        });
        data.visibleConfirm = false;
      } else {
        ElMessage({
          type: "info",
          message: "提交失败,请重新提交",
        });
      }
```

```
      });
    };
    const uploadPhoto = (fileObj) => {
      console.log(fileObj.file.name);
      let formData = new FormData();
      formData.set("image", fileObj.file);
      var file = formData.getAll("image");
      axios
        .post("/imageupload", formData, {
          headers: {
            token: userInfo.token,
            "Content-type": "multipart/form-data",
          },
        })
        .then((res) => {
          if (res.data.code == 1001) {
            data.teacher.url = res.data.data.url;
            data.teacher.imageid = res.data.data.id;
            console.log(data.teacher.url);
          } else {
            ElMessage({
              type: "info",
              message: "上传图片失败,请上传.jpg/.jpeg图片",
            });
          }
          console.log(res);
          console.log(data.teacher);
        });
    };

    return {
      ...toRefs(data),
      create,
      identify,
      onSubmit,
      seeCommunity,
      onSubmitCon,
      uploadPhoto,
      userInfo,
      route,
      axios,
      store,
      ctx,
    };
  },
  components: {
    navbar,
  },
};
</script>
```

11.3.3 课程内容页

课程内容页展示了课程的基本信息以及视频资源列表，包括课程的简介和创建时间等。当用户为当前课程的老师时，将会显示上传录播视频的模块，如图 11-5 所示。

图 11-5 课程内容页

这里使用了 Element-plus 的< el-upload >组件用于视频的上传，该组件可以设置上传视频的最大个数、是否拖曳、支持的类型等，在本项目中设置上传视频的最大个数为 20，支持拖曳，支持的文件类型为 mp4 且最大为 1GB。视频则使用了列表的形式展示，并且使用了 Element-plus 的 icon 组件当作视频的播放、删除按钮，开发者同样可以设置自定义的按钮样式。具体的代码如例 11-6 所示。

【例 11-6】 课程内容页

```
<template>
  <div class="container">
    <div class="white-board">
      <h2 style="font-size:20px">{{ lecture.name }}</h2>
      <br />
      <p style="font-size:15px">课程简介:{{ lecture.detail }}</p>
      <br />
      <p style="font-size:15px">创建时间:{{ lecture.date }}</p>
      <el-divider></el-divider>
      <template v-if="videolistFlag">
        <div class="videolist" v-for="(item, i) in videos" :key="i">
          <div class="videoinfo">
            <h3>{{ item.name }}</h3>
            <br />
            <p>上传时间:{{ item.time }}</p>
            <br />
          </div>
          <div class="button">
            <ul>
              <li>
                <i class="el-icon-video-play" @click="play_the_video(i)"></i>
                <i class="el-icon-delete" @click="delete_the_video(i)"></i>
```

```
              </li>
            </ul>
          </div>
        </div>
      </template>
      <div class="upload-container" v-if="userInfo.usertype == 'teacher'">
        <el-upload
          class="upload-demo"
          ref="upload"
          :limit="20"
          :action="action"
          drag
          :accept="'.mp4'"
          :before-upload="before_upload"
          :http-request="upload"
          :auto-upload="true"
        >
          <i class="el-icon-upload"></i>
          <div class="el-upload__text">
            将想要上传的视频拖曳至此处或<em>单击上传</em>
          </div>
          <h5>注意:只能上传 mp4 文件且文件最大 1GB</h5>
        </el-upload>
      </div>
      <el-progress
        :stroke-width="10"
        :percentage="progressPercent"
        v-if="progressFlag == true"
      ></el-progress>
    </div>
  </div>
</template>

<script>
import {
  computed,
  reactive,
  toRefs,
  getCurrentInstance,
  onBeforeMount,
} from "vue";
import { useRouter, useRoute } from "vue-router";
import { useStore } from "vuex";
export default {
  name: "videolist2",
  setup() {
    const { ctx } = getCurrentInstance();
    const axios = ctx.axios;
    const route = useRoute();
```

```
const router = useRouter();
// const $ route = unref(ctx. $ router.currentRoute);
const store = useStore();

const data = reactive({
  videolistFlag: false,
  progressFlag: false,
  progressPercent: 0,
  lecture: {
    id: "",
    name: "",
    detail: "",
    date: "",
  },
  notices: [
    { notice: "公告 1:该课程截止时间为 2020.09.31,请同学尽快添加课程" },
    { notice: "公告 2:作业 2 已发布,请同学尽快完成提交" },
  ],
  videos: [],
});

const userInfo = computed(() => store.state.userInfo);

onBeforeMount(() => {
  data.lecture.id = window.localStorage.getItem("courseid");
  data.lecture.date = window.localStorage.getItem("coursetime");
  data.lecture.detail = window.localStorage.getItem("coursedetail");
  data.lecture.name = window.localStorage.getItem("coursename");
  axios({
    method: "post",
    url: "/isInCourse",
    headers: { token: userInfo.token },
    data: {
      courseid: data.lecture.id,
    },
  }).then((res) => {
    if (res.data.code == 1001) {
      if (res.data.data == 2 || res.data.data == 3) {
        data.videolistFlag = true;
      }
    }
  });
  axios({
    method: "post",
    url: "/getvideos",
    data: {
      courseid: data.lecture.id,
    },
    headers: {
```

```
        token: userInfo.token,
      },
    }).then((res) => {
      if (res.data.code == 1001) {
        data.videos = res.data.data;
      } else {
      }
    });
  });

  const delete_the_video = (i) => {
    axios({
      method: "post",
      url: "/deletevideo",
      data: {
        id: data.videos[i].id,
      },
      headers: {
        token: userInfo.token,
      },
    }).then((res) => {
      if (res.data.code == 1001) {
        alert("删除成功");
      } else {
        alert("删除失败");
      }
    });
    setTimeout(() => {
      location.reload();
    }, 1000);
  };

  const play_the_video = (i) => {
    window.localStorage.setItem("videoid", data.videos[i].id);
    router.push({
      name: "player",
    });
  };
  const before_upload = (file) => {
    const isOverSize = file.size / 1024 / 1024 / 1024 < 1;
    if (!isOverSize) {
      alert("文件大小超过 1GB,拒绝上传");
    }
  };

  const upload = (File) => {
    const fileend = File.file.name.substring(File.file.name.lastIndexOf("."));
    if (fileend != ".mp4") {
      alert("文件类型不符合规定,请重新选择文件");
```

```
      location.reload();
    } else {
      data.progressFlag = true;
      data.progressPercent = 0;
      let formData = new FormData();
      formData.append("video", File.file);
      formData.append("courseid", data.lecture.id);
      uploadcallback(
        formData,
        (res) => {
          let loaded = res.loaded,
            total = res.total;
          this.$nextTick(() => {
            data.progressPercent = (loaded / total) * 100;
          });
        },
        (res) => {
          if (res.code == 1001) {
            data.progressFlag = false;
            location.reload();
          }
        }
      );
    }
  };

  const uploadcallback = (file, callback1, callback2) => {
    axios({
      url: "/fileupload",
      data: file,
      method: "post",
      headers: {
        token: userInfo.token,
        "Content-Type": "multipart/form-data",
      },
      onUploadProgress: function(e) {
        if (e.lengthComputable) {
          callback1(e);
        }
      },
    })
      .then((res) => {
        callback2(res.data);
      })
      .then((error) => {
        console.log(error);
      });
  };
```

```
      return {
        ...toRefs(data),
        delete_the_video,
        play_the_video,
        before_upload,
        uploadcallback,
        upload,
        userInfo,
        route,
        axios,
        store,
        ctx,
      };
    },
    methods: {},
  };
  </script>
```

11.3.4 学生管理页

学生管理页用于批量导入学生、对学生申请进行管理等，同样作为社区论坛的子页面嵌套其中，是通过 Vue 组件的特性来实现这里的嵌套效果的，如图 11-6 所示。

图 11-6　学生管理页

学生管理页主要涉及标签、上传、表格的使用。表格用于展示学生的姓名、学号、申请等信息使用了 Element-plus 的< el-table >组件，对于需要批量处理的内容来说，表格无疑是一种十分高效的数据处理方式。通过表格可以直观地展示学生的信息，在页面布局上也十分便于调整。其中 props 属性可以用于指定对应列内容的字段名，便于通过字段名对表格进行筛选、排序或操作。具体代码如例 11-7 所示。

【例 11-7】 学生管理页

```
<template>
  <div class = "manage - container">
    <el - container style = "">
      <!-- 管理学生界面 -->
      <!-- 提供课程信息 -->
```

```
<el-row></el-row>
<el-card
  class="box-card"
  shadow="always"
  style="width:100%;margin-top: 20px;background-color: white;height: 400px"
>
  <!-- 导航栏,审核申请 -->
  <el-tabs :tab-position="tabPosition" style="padding-top: 20px">
    <el-tab-pane label="导入学生">
      <!-- 上传文件接口 -->
      <el-row>
        <el-col :offset="16" :span="8">
          <el-upload
            class="upload-demo"
            action="https://jsonplaceholder.typicode.com/posts/"
            :on-preview="handlePreview"
            :on-remove="handleRemove"
            :before-remove="beforeRemove"
            multiple
            :limit="3"
            :http-request="submitForm"
            :file-list="fileList"
            :show-file-list="false"
          >
            <el-button size="small" type="primary">导入学生</el-button>
          </el-upload>
        </el-col>
      </el-row>
      <!-- 显示学生表格 -->
      <el-row>
        <el-table :data="stuForm" stripe style="width: 100%;height:100%">
          <el-table-column
            prop="studentname"
            label="学生姓名"
            width="180"
          >
          </el-table-column>
          <el-table-column prop="studentid" label="学号">
          </el-table-column>
        </el-table>
      </el-row>
    </el-tab-pane>
    <el-tab-pane label="审核申请">
      <el-row class="apply-head" justify="left">
        <el-col :span="8">
          学生姓名
        </el-col>
        <el-col :span="8">
          学生学号
```

```
        </el - col >
        < el - col :span = "8">
          < div >操作选项</div >
        </el - col >
      </el - row >
      < el - row
        v - for = "item in applicationList"
        :key = "item. id"
        class = "apply - container"
        style = "height: 70px"
      >
        < el - col :span = "8" style = "text - align: center;margin - top: 22px">
          {{ item.username }}
        </el - col >
        < el - col :span = "8" style = "text - align: center;margin - top: 22px">
          {{ item.userid }}
        </el - col >
        < el - col :span = "8" style = "text - align: center;">
          < el - row style = "height: 20px;margin - top: 3px">
            < div @click = "refuseApply(item. id)" style = "cursor:pointer">
              拒绝申请
            </div >
          </el - row >
          < el - row style = "height: 20px;margin - top: 10px">
            < div @click = "confirmApply(item. id)" style = "cursor:pointer">
              申请通过
            </div >
          </el - row >
        </el - col >
      </el - row >
    </el - tab - pane >
    < el - tab - pane label = "学生管理">
      < el - row class = "apply - head" justify = "left">
        < el - col :span = "8">
          学生姓名
        </el - col >
        < el - col :span = "8">
          学生学号
        </el - col >
        < el - col :span = "8">
          操作选项
        </el - col >
      </el - row >
      < el - row
        v - for = "item in alreadyInClass"
        :key = "item. id"
        class = "apply - container"
        style = "height: 70px"
      >
```

```
            <el-col :span="8" style="text-align: center;margin-top: 22px">
              {{ item.studentname }}
            </el-col>
            <el-col :span="8" style="text-align: center;margin-top: 22px">
              {{ item.studentid }}
            </el-col>
            <el-col :span="8" style="text-align: center;">
              <el-row style="height: 20px;margin-top: 3px">
                <div
                  v-if="item.type == 1"
                  @click="setAssist(item.studentid)"
                  style="cursor:pointer"
                >
                  设为助教
                </div>
                <div
                  v-if="item.type == 2"
                  @click="delAssist(item.studentid)"
                  style="cursor:pointer"
                >
                  取消助教
                </div>
              </el-row>
              <el-row style="height: 20px;margin-top: 10px">
                <div
                  v-if="item.type == 1"
                  @click="delStu(item.studentid)"
                  style="cursor:pointer"
                >
                  踢出课程
                </div>
                <div
                  v-if="item.type == 2"
                  style="cursor:pointer;color: #C0C4CC"
                >
                  踢出课程
                </div>
              </el-row>
            </el-col>
          </el-row>
        </el-tab-pane>
      </el-tabs>
    </el-card>
  </el-container>
 </div>
</template>

<script>
import { computed, reactive, toRefs, onMounted, getCurrentInstance } from "vue";
```

```
import { useRouter, useRoute } from "vue-router";
import { useStore } from "vuex";
import { ElMessage } from "element-plus";
export default {
  name: "manageStudents",

  setup() {
    const { ctx } = getCurrentInstance();
    const axios = ctx.axios;
    const route = useRoute();
    const router = useRouter();
    // const $route = unref(ctx.$router.currentRoute);
    const store = useStore();

    const data = reactive({
      tabPosition: "left",
      stuForm: [],
      applicationList: [],
      alreadyInClass: [],
      fileList: [],
      courseId: "",
      utype: "",
    });

    const userInfo = computed(() => store.state.userInfo);

    onMounted(() => {
      data.courseId = window.localStorage.courseid;
      data.utype = userInfo.usertype;
      axios({
        method: "post",
        url: "getAllRelations",
        headers: { token: userInfo.token },
        data: {
          cid: data.courseId,
        },
      }).then((res) => {
        if (res.data.code == 1001) {
          data.alreadyInClass = res.data.data;
        }
      });
      axios({
        method: "post",
        url: "/getCourseApply",
        headers: { token: userInfo.token },
        data: {
          courseid: data.courseId,
        },
      }).then((res) => {
```

```
      if (res.data.code == 1001) {
        data.applicationList = res.data.data;
      }
    });
  });

  const submitForm = (fileObj) => {
    let formData = new FormData();
    formData.set("file", fileObj.file);
    formData.set("courseid", data.courseId);
    var file = formData.getAll("file");
    axios
      .post("/addMoreStudent", formData, {
        headers: {
          token: userInfo.token,
          "Content-type": "multipart/form-data",
        },
      })
      .then((res) => {
        if (res.data.code == 1001) {
          ElMessage({
            type: "info",
            message: "上传成功",
          });
          data.stuForm = res.data.data;
          axios({
            method: "post",
            url: "getAllRelations",
            headers: { token: userInfo.token },
            data: {
              cid: data.courseId,
            },
          }).then((res) => {
            if (res.data.code == 1001) {
              data.alreadyInClass = res.data.data;
            }
          });
        } else {
          ElMessage({
            type: "info",
            message: "上传失败,只允许上传.xlxs文件",
          });
        }
      });
  };

  const confirmApply = (id) => {
    if (data.utype != "teacher") {
      ElMessage({
```

```
      type: "warning",
      info: "只有老师有操作助教的权限",
    });
    return;
  }
  axios({
    method: "post",
    url: "/dealApply",
    data: {
      applyid: id,
      result: 1,
    },
    headers: { token: userInfo.token },
  }).then((res) => {
    console.log(res);
    if (res.data.code == 1001) {
      this.$notify({
        type: "info",
        message: "申请已通过",
        duration: 4500,
      });
      var i = 0;
      for (
        ;
        data.applicationList[i].id != id && i < data.applicationList.length;

      ) {
        i++;
      }
      data.applicationList.splice(i, 1);
      // console.log(data.applicationList)
      axios({
        method: "post",
        url: "getAllRelations",
        headers: { token: userInfo.token },
        data: {
          cid: data.courseId,
        },
      }).then((res) => {
        if (res.data.code == 1001) {
          data.alreadyInClass = res.data.data;
        }
      });
    } else {
      this.$notify({
        type: "info",
        message: "申请通过失败",
        duration,
      });
    }
```

```
    });
  };

  const refuseApply = (id) => {
    if (data.utype != "teacher") {
      ElMessage({
        type: "warning",
        info: "只有老师有操作助教的权限",
      });
      return;
    }
    axios({
      method: "post",
      url: "/dealApply",
      data: {
        applyid: id,
        result: 0,
      },
      headers: { token: userInfo.token },
    }).then((res) => {
      if (res.data.code == 1001) {
        alert(1212);
        this.$notify({
          type: "info",
          message: "申请已拒绝",
          duration: 4500,
        });
        var i = 0;
        for (
          ;
          data.applicationList[i].id != id && i < data.applicationList.length;

        ) {
          i++;
        }
        data.applicationList.splice(i, 1);
        data.alreadyInClass = res.data.data;
      } else {
        this.$notify({
          type: "info",
          message: "申请拒绝失败",
          duration,
        });
      }
    });
  };

  const setAssist = (id) => {
    axios({
      method: "post",
```

```
      url: "/addAssistant",
      headers: { token: userInfo.token },
      data: {
        studentid: id,
        courseid: data.courseId,
      },
    }).then((res) => {
      if (res.data.code == 1001) {
        this.$notify({
          type: "info",
          message: "助教设置成功",
          duration: 4500,
        });
        data.alreadyInClass = res.data.data;
      } else {
        this.$notify({
          type: "info",
          message: "助教设置失败",
          duration: 4500,
        });
      }
    });
  };
  const delAssist = (id) => {
    axios({
      method: "post",
      url: "/deleteAssistant",
      headers: { token: userInfo.token },
      data: {
        studentid: id,
        courseid: data.courseId,
      },
    }).then((res) => {
      if (res.data.code == 1001) {
        this.$notify({
          type: "info",
          message: "助教已取消",
          duration: 4500,
        });
        data.alreadyInClass = res.data.data;
      } else {
        this.$notify({
          type: "info",
          message: "助教取消失败",
          duration: 4500,
        });
      }
    });
  };
```

```
        const delStu = (id) =>{
          axios({
            method: "post",
            url: "/deleteStudent",
            headers: { token: userInfo.token },
            data: {
              studentid: id,
              courseid: data.courseId,
            },
          }).then((res) => {
            if (res.data.code == 1001) {
              this.$notify({
                type: "info",
                message: "学生已从课程中移除",
                duration: 4500,
              });
              data.alreadyInClass = res.data.data;
            } else {
              this.$notify({
                type: "info",
                message: "学生移除失败",
                duration: 4500,
              });
            }
          });
        }

        return {
          ...toRefs(data),
          submitForm,
          confirmApply,
          refuseApply,setAssist, delAssist,delStu,
          userInfo,
          route,
          axios,
          store,
          ctx,
        };
      },
    };
    </script>
```

11.3.5 课程讨论页

课程讨论页包含课程名称、课程信息、圈子规则等页面,通过组件的方式引入页面中,如图 11-7 所示。

单击“创建新帖子”按钮可以创建新帖子,如图 11-8 所示。其中,使用了 Element-plus 中的折叠面板组件< el-collapse >,单击“创建新帖子”按钮后将会展开折叠的内容;使用 #title 属性可以指定面板标题。

图 11-7　课程讨论页

图 11-8　创建新帖子

老师可以修改圈子规则，以及对帖子进行加精、置顶、删除等操作，仅当用户为老师时这些按钮才会被显示，被设为置顶或精华的帖子将会有特殊的标记，同时，帖子被删除的用户将会收到系统的提醒，如图 11-9 和图 11-10 所示。帖子使用了无限列表的方式进行加载，在< ul >上设置 v-infinite-scroll 实现加载，本项目的初始加载数为 3 个。对删除等风险性操作加入了确认机制，通过 $Confirm 实现，如单击“删除”选项时，会弹出确认对话框，防止误操作。

图 11-9　修改圈子规则

图 11-10　操作帖子

对于没有加入课程、申请了课程、已加入课程的学生，会分别显示不同的按钮展示学生的课程状态。其中，使用了 Element-plus 中的< el-button >组件，设置 disabled 属性可以将按钮转换为不可单击状态，不同状态下的按钮如图 11-11 所示。

图 11-11　学生的课程状态

11.3.4 节所介绍的学生管理页正是嵌套在课程讨论页中，单击“成员管理”按钮后，讨论区的部分将切换到学生管理页。具体的代码如例 11-8 所示。

【例 11-8】　课程讨论页

```
<template>
  <navbar />
  <div
    style="padding-left: 10%;padding-right: 10%;background-color: #d9ecff;"
    class="wraper"
  >
    <template>
      <el-backtop>
        <div
          style="{
        height: 100%;
        width: 100%;
        background-color: #f2f5f6;
        box-shadow: 0 0 6px rgba(0,0,0, .12);
        text-align: center;
        line-height: 40px;
        color: #1989fa;
      }"
        >
          UP
        </div>
      </el-backtop>
    </template>
    <el-tabs
      :tab-position="tabPosition"
```

```
    @tab-click="handleClick"
    tyle="card"
    v-model="tabName"
    style=";min-height: 680px;"
    class="myel-tabs"
  >
    <el-tab-pane label="课程" name="first">
      <videoList />
    </el-tab-pane>
    <el-tab-pane label="圈子" name="second" lazy="true" style="height: auto">
      <div style="margin: 0 5%">
        <el-row style="height: 50px"></el-row>
        <el-card
          class="box-card"
          shadow="always"
          style="margin-bottom: 10px;background-color: white"
        >
          <el-row>
            <el-col
              :span="24"
              style="padding-left:15px;height:40px;text-align: left"
            >
              <span
                style="font-size: 30px;font-weight: bolder;color:rgba(0,0,0,1)"
                >{{ circle.name }}</span
              >
              <span
                style="font-size: 30px;font-weight: bolder;color: black"
              ></span>
              <!--     -->
              <el-tooltip
                content="加入课程"
                placement="top"
                effect="dark"
                style="margin-left:20px"
              >
                <el-button
                  size="medium"
                  class="add"
                  style="display: none"
                  id="addbtn"
                  @click="addClass"
                  round
                >
                  加入
                </el-button>
              </el-tooltip>
              <el-tooltip
                content="已申请课程"
```

```
          placement = "top"
          effect = "dark"
          style = "margin-left:20px"
        >
          <el-button
            size = "medium"
            class = "applied"
            id = "appliedbtn"
            disabled
            round
            style = "display: none"
          >
            已申请
          </el-button>
        </el-tooltip>
        <el-tooltip
          content = "已加入课程"
          placement = "top"
          effect = "dark"
          style = "margin-left:20px"
        >
          <el-button
            size = "medium"
            class = "added"
            id = "addedbtn"
            disabled
            round
            style = "display: none"
          >
            已加入
          </el-button>
        </el-tooltip>
      </el-col>
    </el-row>

    <el-row style = "">
      <el-col :span = "24" style = "height:18px;"> </el-col>
    </el-row>

    <el-row style = "">
      <el-col :span = "24" style = "height:25px;text-align: left">
        <!-- .native -->
        <span style = "margin-left: 15px"
          ><span
            class = "switch"
            :underline = "false"
            @click = "seeposts()"
            style = "font-size: 16px;font-weight: bolder;rgba(0,0,0,0.7);"
            >讨论</span
```

```
                    ></span
                  >
                  < span v - if = "addOrNot  ===  3" style = "margin - left: 15px"
                    >< span
                      class = "switch"
                      :underline = "false"
                      @click = "seemanage()"
                      style = "font - size: 16px;font - weight: bolder;rgba(0,0,0,0.7);"
                      >成员管理</span
                    ></span
                  >
                </el - col >
              </el - row >
            </el - card >
            < el - row >
              < el - col :span = "17" style = "min - height: 200px;border - radius: 6px;">
                < div id = "postlist">
                  < div
                    v - if = "addOrNot  ==  3 || addOrNot  ==  2"
                     style = "border - radius: 10px;overflow: hidden;margin - bottom: 20px;text -
align: center;font - size:20px;
            "
                  >
                    < el - collapse v - model = "activeNames" accordion >
                      < el - collapse - item name = "1" style = "border - radius: 6px">
                        < template style = "text - align: center" #title >
                          < el - col
                            :span = "24"
                            style = "text - align: center;font - weight:bold;font - size:20px;
color:#2C8DF4;"
                            >创建新帖子
                          </el - col >
                        </template >
                        < el - row
                            style = "border - top - left - radius: 6px;border - top - right -
radius: 6px;padding - top:15px;height: 60px;text - align: center;font - size: 20px;font -
weight: bolder;color: rgba(0,0,0,0.7)"
                        >
                          < el - col
                            :span = "3"
                            :offset = "1"
                            style = "height: inherit;padding - top: 5px"
                          >
                            标题
                          </el - col >
                          < el - col :span = "18" :offset = "1" style = ";height: inherit">
                            < el - input
                              type = "text"
                              placeholder = "请输入标题"
```

```
                        v-model="newTitle"
                        maxlength="30"
                        show-word-limit
                      >
                      </el-input>
                    </el-col>
                  </el-row>

                  <el-row style="height: 10px;"></el-row>

                  <el-row
                    style="text-align: center;font-size: 20px;font-weight:
bolder;color:rgba(0,0,0,0.7)"
                  >
                    <el-col
                      :span="3"
                      :offset="1"
                      style="height: 45px;padding-top: 5px;border-bottom-left-
radius: 6px;border-bottom-right-radius: 6px;"
                    >
                      正文
                    </el-col>
                    <el-col
                      :span="18"
                      :offset="1"
                      style=";min-height: 120px;"
                    >
                      <el-input
                        type="textarea"
                        :rows="8"
                        placeholder="请输入内容"
                        v-model="newContent"
                        maxlength="500"
                        show-word-limit
                        style="margin-bottom: 15px"
                      >
                      </el-input>
                    </el-col>
                  </el-row>
                  <el-row
                    style="margin-top:5px;background-color: white;height: 45px;
border-bottom-left-radius: 6px;border-bottom-right-radius: 6px"
                  >
                    <el-button
                      type="primary"
                      round
                      class="newPost"
                      style="position: absolute;right: 30px;bottom: 3px"
                      @click="post"
```

```
                    >
                      提交
                    </el-button>
                  </el-row>
                </el-collapse-item>
              </el-collapse>
            </div>
            <div
              class="infinite-list-wrapper"
              style="overflow:auto;min-height: 400px;rgba(0,0,0,0.58)"
            >
              <ul
                class="list"
                v-infinite-scroll="loadMore"
                infinite-scroll-disabled="busy"
                infinite-scroll-distance="30"
                style="border-radius: 6px;"
              >
                <el-card
                  shadow="always"
                  style="background-color: white;height:180px;margin-bottom: 15px;
border-radius: 6px;padding-top: 5px;margin-left: -40px"
                  v-for="(item, index) in posts"
                  :key="index"
                  class="list-item box-card"
                >
                  <el-row
                    style="height:25px;margin-bottom: 10px;margin-top: -17px"
                  >
                    <el-col
                      v-if="item.istop === true"
                      class="outside"
                      :span="2"
                      style="color: #ffbb00;font-weight: bolder;font-size: 13px;
overflow: hidden"
                    >
                      <el-tag
                        v-if="item.istop === true"
                        effect="dark"
                        type="danger"
                        style="width: 45px"
                      >
                        TOP
                      </el-tag>
                    </el-col>

                    <el-col
                      v-if="item.iselite === true"
                      class="outside"
```

```
                                :span = "2"
                                style = "color: #ffbb00;font - weight: bolder;font - size: 13px;
overflow: hidden"
                              >
                                <el - tag
                                  v - if = "item.iselite === true"
                                  effect = "dark"
                                  type = "danger"
                                  style = "width: 45px;color: #ffbb00"
                                >
                                  <i class = "el - icon - star - on"></i>
                                </el - tag>
                              </el - col>
                            </el - row>
                            <el - row>
                              <el - col
                                :span = "20"
                                @click = "seePost(item)"
                                  style = "padding - left: 15px;height: 30px;text - align: left;
border - radius: 6px;padding - top:10px"
                              >
                                <el - link
                                  @click = "seePost(item)"
                                  style = "font - size: 20px;font - weight: bolder;color: rgba(0,
0,0,0.7)"
                                >
                                  {{ item.title }}
                                </el - link>
                              </el - col>
                              <el - col
                                :span = "2"
                                style = "padding - top: 1px;overflow: hidden;"
                              >
                                <el - button
                                  v - if = "item.iselite == false"
                                  @click = "addStar(item)"
                                  id = "star"
                                  type = "primary"
                                  size = "small"
                                  style = "right:2px;float: top;margin - top: 10px"
                                  >< i class = "el - icon - star - off"></i
                                ></el - button>
                                <el - button
                                  v - if = "item.iselite == true"
                                  @click = "addStar(item)"
                                  id = "star"
                                  type = "primary"
                                  size = "small"
                                  style = "right:2px;float: top;margin - top: 10px"
```

```
                  ><i class="el-icon-star-on"></i
                ></el-button>
              </el-col>
              <el-col
                :span="2"
                style="padding-top: 1px;overflow: hidden;"
              >
                <el-dropdown
                  trigger="click"
                  @command="handleCommand($event, item)"
                  id="moreList"
                  style=""
                >
                  <el-button
                    type="primary"
                    size="small"
                    style="left: 1px;float: top;margin-top: 14px"
                  >
                    <i class="el-icon-more-outline"></i>
                  </el-button>
                  <template #dropdown>
                    <el-dropdown-menu>
                      <el-dropdown-item command="delPost"
                        >删除</el-dropdown-item
                      >
                      <el-dropdown-item
                        v-if="item.istop == false"
                        command="topPost"
                        >置顶</el-dropdown-item
                      >
                      <el-dropdown-item
                        v-if="item.istop == true"
                        command="topPost"
                        >取消置顶</el-dropdown-item
                      >
                    </el-dropdown-menu>
                  </template>
                </el-dropdown>
              </el-col>
            </el-row>
            <el-row
              style=" overflow: hidden;text-indent:2em;word-break: break-
all;margin: -25px 0;padding-left:15px;padding-right:15px;height: 100px;text-align:
left;font-size: 15px;font-weight: bold;"
            >
              <el-link
                :underline="false"
                @click="seePost(item)"
                style="color: rgba(0,0,0,0.7);font-weight: normal"
```

```
                    >
                      {{ item.detail }}
                    </el - link >
                  </el - row >
                </el - card >
              </ul >
              < p v - if = "loading"></p >
              < p v - if = "noMore">没有更多了</p >
            </div >
          </div >
          < div id = "managepage" style = "display: none">
            < manageStu />
          </div >
        </el - col >

        < el - col :span = "6" :offset = "1">
          < el - card
            class = "box - card"
            shadow = "always"
            style = "background - color: white;margin - bottom: 30px;min - height: 200px;
text - align: center;"
          >
            < el - row
              style = "height: 50px;font - size: 20px;font - weight: bolder;margin - top:
0px;color: rgba(0,0,0,0.7);"
            >
              圈子规则
            </el - row >
            < el - row
              v - model = "rules"
              style = "overflow: hidden;text - indent: 2em;word - break: break - all;height:
80px;font - size: 15px;font - weight: bold;margin - top: 15px;color: #00aeef;padding - left:5px"
            >
              {{ rules }}
            </el - row >
            < el - row
              v - if = "addOrNot  ===  3"
              id = "ruleChange"
              style = "height: 25px;padding - bottom:5px;font - size: 10px;font - weight:
bold;margin - top: 10px;margin - bottom:10px;color: #00aeef;"
            >
              < el - button
                type = "text"
                underline = "true"
                style = " font - weight: bold; color: red; font - size: 15px; position:
relative;width:100 %"
                @click = "changeRuleVisible  =  true"
                >修改规则
              </el - button >
```

```
            <el-dialog title="修改规则" v-model="changeRuleVisible">
              <el-form :model="form">
                <el-form-item
                  label="输入新规则"
                  :label-width="formLabelWidth"
                >
                  <el-input
                    type="textarea"
                    :rows="5"
                    v-model="newRule"
                    placeholder="请输入新规则"
                    maxlength="300"
                    show-word-limit
                    autocomplete="off"
                  ></el-input>
                </el-form-item>
              </el-form>
              <!-- slot="footer" -->
              <template class="dialog-footer" #footer>
                <el-button @click="changeRuleVisible = false"
                  >取 消</el-button
                >
                <el-button type="primary" @click="changeRule"
                  >确 定</el-button
                >
              </template>
            </el-dialog>
          </el-row>
        </el-card>
        <el-card
          class="box-card"
          shadow="always"
          style="background-color: white;min-height: 160px;text-align: center;"
        >
          <el-row
            style="height: 50px;font-size: 20px;font-weight: bolder;margin-top:
5px;color: rgba(0,0,0,0.7);"
          >
            课程信息
          </el-row>
          <el-row
            v-model="classDetail"
             style="padding-left:5px;overflow: hidden;text-indent: 2em;word-
break: break-all;height: 80px;font-size: 15px;font-weight: bold;margin-top: 15px;color:
#00aeef;"
          >
            {{ circle.detail }}
          </el-row>
        </el-card>
```

```
            </el-col>
          </el-row>
        </div>
      </el-tab-pane>
    </el-tabs>
  </div>
</template>

<script>
import {
  computed,
  reactive,
  toRefs,
  onBeforeMount,
  getCurrentInstance,
} from "vue";
import { useRouter, useRoute, routerViewLocationKey } from "vue-router";
import { useStore } from "vuex";
import { ElMessage } from "element-plus";
import navbar from "../NavHeader";
import manageStu from "../userManage/manageStudents";
import videoList from "../Record/videolist2";

export default {
  setup() {
    const { ctx } = getCurrentInstance();
    const axios = ctx.axios;
    const route = useRoute();
    const router = useRouter();
    // const $route = unref(ctx.$router.currentRoute);

    const store = useStore();
    const data = reactive({
      tabPosition: "left",
      newTitle: "",
      newContent: "",
      newRule: "",
      submitVisible: false,
      changeRuleVisible: false,
      activeNames: "",
      count: 3, //post 第一次加载
      busy: false,
      loading: false,
      tabName: "first",
      pagesize: 4,
      currentPage: 1,

      /////请求
      circle: {},
```

```
    classId: "",
    rules: "",
    userInfo: null,
    amount: 0,
    posts: [
    ],
    addOrNot: 2, //0 = 没加,1 = 申请了,2 = 加入,3 = 老师
    userType: "student",
    stunum: 60,
  });

  const noMore = computed(() => {
    return data.count >= data.amount;
  });

  const disabled = computed(() => {
    return data.loading || noMore;
  });

  const userInfo = computed(() => store.state.userInfo);

  onBeforeMount(() => {
    if (router.query.course.id != null) {
      data.classId = router.query.course.id;
      data.circle = router.query.course;
      if (routerViewLocationKey.query.course.rule == "") {
        data.rules = "暂无规则";
      } else {
        data.rules = router.query.course.rule;
      }
      window.localStorage.setItem("courserule", data.rules);
      window.localStorage.setItem("coursename", data.circle.name);
      window.localStorage.setItem("coursedetail", data.circle.detail);
      window.localStorage.setItem("courseid", data.classId);
      window.localStorage.setItem("coursetime", data.circle.time);
      window.localStorage.setItem("coursecircle", data.tabName);
    } else {
      data.classId = window.localStorage.getItem("courseid");
      data.circle.name = window.localStorage.getItem("coursename");
      data.circle.detail = window.localStorage.getItem("coursedetail");
      data.rules = window.localStorage.getItem("courserule");
      data.tabName = window.localStorage.getItem("coursecircle");
    }
    getposts();
    isIn();
    data.userType = userInfo.usertype;
    data.userInfo = userInfo;
  });
```

```
const handleExpandChange = (row, expandRows) => {
  const $classTable = this.$refs.classTable;
  if (expandRows.length > 1) {
    expandRows.forEach((expandRow) => {
      if (row.id !== expandRow.id) {
        $classTable.toggleRowExpansion(expandRow, false);
      }
    });
  }
  data.currentClassId = row.id;
};

const handleClick = (tab) => {
  if (tab.name === "first") {
    data.tabName = "first";
    window.localStorage.setItem("coursecircle", data.tabName);
  } else if (tab.name === "second") {
    data.tabName = "second";
    window.localStorage.setItem("coursecircle", data.tabName);
    isIn();
    getposts();
  }
};

const seePost = (item) => {
  router.replace({
    name: "postpage",
    params: {
      id: item.id,
    },
  });
};

const handleCurrentChange = () => {
  data.currentPage = currentPage;
};

const getposts = () => {
  axios({
    method: "post",
    url: "/findpostbycourse",
    headers: { token: userInfo.token },
    headers: { token: "1" },
    data: {
      id: data.classId,
    },
  }).then((res) => {
    if (res.data.code == 1001) {
      data.posts = res.data.data;
```

```
        data.amount = data.posts.length;
      } else {
        ElMessage({
          showClose: true,
          type: "error",
          message: "获取圈子内容失败",
        });
      }
    });
  };
  const isIn = () => {
    axios({
      method: "post",
      url: "/isInCourse",
      headers: { token: userInfo.token },
      data: {
        courseid: data.classId,
      },
    }).then((res) => {
      if (res.data.code == 1001) {
        data.addOrNot = res.data.data;
        if (data.userType != "student") {
          document
            .getElementById("addbtn")
            .setAttribute("style", "display:none");
          document
            .getElementById("appliedbtn")
            .setAttribute("style", "display:none");
          document
            .getElementById("addedbtn")
            .setAttribute("style", "display:none");
        } else {
          if (data.addOrNot == 1) {
            document
              .getElementById("addbtn")
              .setAttribute("style", "display:none");
            document.getElementById("appliedbtn").removeAttribute("style");
            document
              .getElementById("addedbtn")
              .setAttribute("style", "display:none");
          } else if (data.addOrNot == 0) {
            document.getElementById("addbtn").removeAttribute("style");
            document
              .getElementById("appliedbtn")
              .setAttribute("style", "display:none");
            document
              .getElementById("addedbtn")
              .setAttribute("style", "display:none");
          } else if (data.addOrNot == 2) {
```

```
            document
              .getElementById("addbtn")
              .setAttribute("style", "display:none");
            document
              .getElementById("appliedbtn")
              .setAttribute("style", "display:none");
            document.getElementById("addedbtn").removeAttribute("style");
          }
        }
      } else {
        ElMessage({
          showClose: true,
          type: "error",
          message: "获取学生与课程关系失败",
        });
      }
    });
  };
  const seeposts = () => {
    document.getElementById("postlist").removeAttribute("style");
    document
      .getElementById("managepage")
      .setAttribute("style", "display:none");
  };

  const seemanage = () => {
    console.log("manage");
    document.getElementById("managepage").removeAttribute("style");
    document.getElementById("postlist").setAttribute("style", "display:none");
  };

  const seevideo = () => {
    window.localStorage.setItem("coursecircle", data.tabName);
    window.localStorage.setItem("course", data.circle);
    router.push({
      name: "videolist2",
    });
  };
  const addStar = (item) => {
    axios({
      method: "post",
      url: "/changepostiselite",
      headers: { token: userInfo.token },
      data: {
        id: item.id,
      },
    }).then((res) => {
      if (res.data.code == 1001) {
        let staron = "starIcon" + item.id;
```

```
        ElMessage({
          showClose: true,
          type: "success",
          message: "修改成功",
        });
        data.posts = res.data.data;
        data.amount = data.posts.length;
      } else if (res.data.code == 3001) {
        ElMessage({
          showClose: true,
          type: "error",
          message: "无操作权限",
        });
      } else {
        ElMessage({
          showClose: true,
          type: "error",
          message: "设置失败",
        });
      }
    });
  };
  const handleCommand = (command, item) => {
    if (command == "topPost") {
      axios({
        method: "post",
        url: "/changepostistop",
        headers: { token: userInfo.token },
        data: {
          id: item.id,
        },
      }).then((res) => {
        if (res.data.code == 1001) {
          ElMessage({
            showClose: true,
            type: "success",
            message: "修改成功",
          });
          data.posts = res.data.data;
          data.amount = data.posts.length;
        } else if (res.data.code == 3001) {
          ElMessage({
            showClose: true,
            type: "error",
            message: "无操作权限",
          });
        } else {
          ElMessage({
            showClose: true,
```

```
          type: "error",
          message: "置顶失败",
        });
      }
    });
  } else if (command == "delPost") {
    this.$confirm("确认删除该帖子?", "提示", {
      confirmButtonText: "确定",
      cancelButtonText: "取消",
      type: "warning",
    }).then(() => {
      axios({
        method: "post",
        url: "/deletepost",
        headers: { token: userInfo.token },
        data: {
          id: item.id,
        },
      }).then((res) => {
        if (res.data.code == 1001) {
          ElMessage({
            showClose: true,
            type: "success",
            message: "已删除",
          });
          data.posts = res.data.data;
          data.amount = data.posts.length;
        } else if (res.data.code == 3001) {
          ElMessage({
            showClose: true,
            type: "error",
            message: "无操作权限",
          });
        } else {
          ElMessage({
            showClose: true,
            type: "error",
            message: "删除失败",
          });
        }
      });
    });
  }
};
const changeRule = () => {
  axios({
    method: "post",
    url: "/setrule",
    headers: { token: userInfo.token },
```

```
    data: {
      cid: data.classId,
      rule: data.newRule,
    },
  }).then((res) => {
    if (res.data.code == 1001) {
      (data.changeRuleVisible = false),
        ElMessage({
          showClose: true,
          type: "success",
          message: "修改成功",
        });
      data.rules = res.data.data;
      data.newRule = "";
    } else {
      ElMessage({
        showClose: true,
        type: "error",
        message: "修改失败",
      });
    }
  });
};
const post = () => {
  if (data.newTitle == "") {
    ElMessage({
      type: "warning",
      message: "请输入帖子标题",
    });
    return;
  } else if (data.newContent == "") {
    ElMessage({
      type: "warning",
      message: "请输入帖子内容",
    });
    return;
  }
  axios({
    method: "post",
    url: "/createpost",
    headers: { token: userInfo.token },
    data: {
      courseid: data.classId,
      title: data.newTitle,
      detail: data.newContent,
    },
  }).then((res) => {
    if (res.data.code == 1001) {
      (data.submitVisible = false),
```

```
          ElMessage({
            showClose: true,
            type: "success",
            message: "发布成功",
          });
        data.posts = res.data.data;
        data.amount = data.posts.length;
        data.activeNames = "";
        data.newContent = "";
        data.newTitle = "";
      } else {
        ElMessage({
          showClose: true,
          type: "error",
          message: "发布失败",
        });
      }
    });
  };

  const addClass = () => {
    axios({
      method: "post",
      url: "/applyCourse",
      headers: { token: userInfo.token },
      data: {
        courseid: data.classId,
      },
    }).then((res) => {
      if (res.data.code == 1001) {
        ElMessagee({
          showClose: true,
          message: "成功申请课程",
          type: "success",
        }),
          isIn();
      } else {
        ElMessage({
          showClose: true,
          message: "加入课程失败",
          type: "error",
        });
      }
    });
  };
  const loadMore = () => {
    data.busy = true;
    data.loading = true;
    setTimeout(() => {
```

```
        data.count += 2;
        data.loading = false;
        data.busy = false;
      }, 2000);
    };

    return {
      ...toRefs(data),
      noMore,
      disabled,
      handleExpandChange,
      handleCurrentChange,
      seemanage,
      seeposts,
      isIn,
      getposts,
      handleClick,
      seePost,
      seevideo,
      addStar,
      handleCommand,
      changeRule,
      post,
      addClass,
      loadMore,
      userInfo,
      route,
      router,
      axios,
      store,
      ctx,
    };
  },
  components: {
    manageStu,
    videoList,
    navbar,
  },
};
</script>
```

11.4 本章小结

本章介绍了社区论坛的开发，通过 Element-plus 插件，将会节省大量在调整页面样式中花费的时间，帮助开发者更好地聚焦于处理数据等方面。

在项目中用到了路由 Router、状态管理 Vuex 等功能，在实际的工程中它们都是十分有效的工具，详细的内容可以到对应的章节中学习。由于项目中用到了 axios 与后端进行数据传输，这里笔者搭建了一个简易后端。读者在练习时如果没有对应的后端，部分前端模块可能会因缺少数据难以展示，但是通过预设测试数据的方式，就可以实现页面的展示。

除了现有的几个页面，显然还存在可以优化的空间，如更细致的登录、注册页面、支持评论的帖子详情页面等，甚至可以在社区论坛中加入直播的功能，使它能更符合实际使用的需要。读者可以运用前面章节中的内容，优化项目的页面，搭建出个性化的网站前端。

参考文献

[1] 刘汉伟. Vue.js 从入门到项目实战[M]. 北京：清华大学出版社，2019.

[2] 张耀春. Vue.js 权威指南[M]. 北京：电子工业出版社，2016.

[3] 纪尧姆·周. Vue.js 项目实战[M]. 周智勋，张伟杰，孔亚杰，等译. 北京：人民邮电出版社，2019.

[4] 陈陆扬. Vue.js 前端开发快速入门与专业应用[M]. 北京：人民邮电出版社，2017.

[5] 梁颖. Vue.js 实战[M]. 北京：清华大学出版社，2017.

[6] 申思维. Vue.js 快速入门[M]. 北京：清华大学出版社，2019.

图书资源支持

感谢您一直以来对清华版图书的支持和爱护。为了配合本书的使用，本书提供配套的资源，有需求的读者请扫描下方的“书圈”微信公众号二维码，在图书专区下载，也可以拨打电话或发送电子邮件咨询。

如果您在使用本书的过程中遇到了什么问题，或者有相关图书出版计划，也请您发邮件告诉我们，以便我们更好地为您服务。

我们的联系方式：

地　　址：北京市海淀区双清路学研大厦 A 座 714

邮　　编：100084

电　　话：010-83470236　010-83470237

客服邮箱：2301891038@qq.com

QQ：2301891038（请写明您的单位和姓名）

资源下载：关注公众号“书圈”下载配套资源。

资源下载、样书申请

书圈

获取最新书目

观看课程直播